LES

TURBINES A VAPEUR

MARINES

LES

TURBINES A VAPEUR
MARINES

PAR

J.-W. SOTHERN
PRINCIPAL DU COLLÈGE MARITIME DE GLASCOW

Traduit et adapté d'après la seconde édition anglaise

PAR

J. IZART
INGÉNIEUR CIVIL DES MINES

PARIS (VIᵉ)

H. DUNOD et E. PINAT, ÉDITEURS

49, Quai des Grands-Augustins, 49

1908

INTRODUCTION

La turbine à vapeur, née d'hier à peine, a déjà conquis ses lettres de grande naturalisation dans l'industrie. Une seule branche lui avait été peu favorable, celle des applications maritimes, mais elle vient d'en « doubler le cap » avec aisance.

En Angleterre, grâce aux efforts de C.-A. Parsons, la turbine marine a fait des progrès considérables : il y a loin du *Turbinia*, modeste bâtiment de 30 mètres, avec lequel Parsons fit ses premiers essais il y a moins de quinze ans, aux géants de l'Atlantique qui ont nom *Lusitania* et *Mauretania*, véritables villes flottantes qui portent en leurs flancs une machinerie de 80.000 chevaux de puissance, et ont mis New-York à cinq jours de Paris.

La Marine de guerre anglaise, bénéficiant des entreprises et des essais exécutés par la Marine marchande, s'est franchement ralliée à la turbine dès qu'elle a pu apprécier les avantages de ce type de moteur au point de vue maritime. En France, nous entrons enfin dans la même voie, et c'est ce qui nous décide à publier cet ouvrage, qui renferme de précieuses indications tirées de la pratique anglaise, indications qui seront d'une utilité incontestable aux ingénieurs et constructeurs navals français.

L'application de la turbine Parsons à la Marine de guerre vient, en effet, d'être consacrée officiellement par l'adoption de ce moteur pour la propulsion des cuirassés du nouveau programme naval.

Ces unités, au nombre de six, auront les caractéristiques suivantes :

Longueur à la flottaison en mètres	145
Largeur au fort en mètres.................	25,65
Tirant d'eau moyen en mètres.............	8,26
Déplacement en ordre de combat, en tonnes.	18.350
Vitesse normale en nœuds................	19

La force motrice sera fournie par 8 turbines Parsons, d'une puissance globale de 22.500 chevaux, attaquant 4 hélices. Les commandes des six bâtiments ont été réparties entre les arsenaux de l'État et les principaux chantiers privés, parmi lesquels les Forges et Chantiers de la Méditerranée, et les Ateliers de Saint-Nazaire-Penhoët. Ces deux sociétés, seules licenciées pour la construction des turbines Parsons, auront à construire la totalité des turbines pour les six cuirassés.

Il semble donc bien que la Marine française entre à son tour résolument dans la voie de l'utilisation de la turbine marine, et il ne saurait d'ailleurs en être autrement, étant donné les avantages de ce type de moteur marin. Ce livre vient donc, répétons-nous, à son heure.

Toutefois, on peut reprocher à l'édition anglaise de traiter uniquement de la turbine Parsons, ce qui est, en somme, assez naturel, cet ouvrage étant exclusivement pratique, et la turbine Parsons seule ayant fourni des résultats expérimentaux de quelque importance.

Nous complèterons cependant l'édition originale par diverses données intéressantes concernant les nouvelles turbines marines, notamment les turbines Rateau et Curtis, dont les applications maritimes se répandent également de plus en plus. Nous avons largement usé, dans ce but, des communications faites par différents ingénieurs aux Associations anglaises d'Architectes navals, aux Congrès de Navigation, aux Associations françaises d'ingénieurs et, notamment, à celle des Arts et Métiers.

Essentiellement pratique et relativement élémentaire, ce volume, facile à assimiler, s'adresse particulièrement aux mécaniciens de la Marine, aux dessinateurs d'études navales et aux ingénieurs des constructions maritimes ; il servira d'introduction efficace aux traités généraux de la turbine à vapeur, celui de Stodola notamment.

J. I.

LES TURBINES A VAPEUR MARINES

PARTIE I

PRINCIPE DES TURBINES

I

GÉNÉRALITÉS THÉORIQUES

Il est indispensable de rappeler au lecteur, avant de lui exposer le principe du fonctionnement des types principaux de turbines à vapeur, quelques généralités sur les propriétés physiques de la vapeur.

Kilogrammètre. — C'est l'unité de travail, Il a pour valeur le travail effectué pour soulever un poids de 1 kilogramme à une hauteur de 1 mètre.

Torque ou Couple moteur. — C'est l'effort moteur auquel se trouve soumis un mécanisme de rotation. Dans les machines alternatives, le couple moteur est appliqué à la manivelle; il varie constamment suivant une loi sinusoïdale. Dans les machines rotatives, les turbines notamment, il est constant et résulte de l'action directe de la vapeur agissant sur la périphérie de la turbine proprement dite, qui porte le nom de tambour ou rotor.

Il est généralement admis que les conditions de fonctionnement les plus avantageuses d'une turbine sont obtenues lorsque la vitesse tangentielle du rotor est égale à la moitié de la vitesse d'écoulement de la vapeur.

Chaleur et travail. — La chaleur est une des formes de l'énergie et, comme telle, peut exister sous deux états : énergie potentielle ou de position, et énergie cinétique ou de mouvement. Toute machine thermique est basée sur la transformation de l'énergie latente emmagasinée sous forme de chaleur dans un fluide approprié, en énergie mécanique utilisable.

Calorie. — C'est l'unité de chaleur. Elle a pour valeur la quantité de chaleur nécessaire pour élever de 1° la température de 1 kilogramme d'eau. L'équivalent mécanique de la chaleur est de 425, ou, en d'autres termes, la calorie vaut 425 kilogrammètres.

Vapeur saturée. — La vapeur saturée est l'état sous lequel se trouve la vapeur sortant d'une chaudière idéale, c'est-à-dire sans primage. S'il y a des entraînements d'eau, la vapeur saturée, au lieu d'être dite *sèche*, est dite *humide*. Si sa température excède la température normale correspondant à la pression sous laquelle s'est effectuée la vaporisation, la vapeur est dite *surchauffée*.

Vapeur humide. — Par suite de l'ébullition, la vapeur entraîne toujours mécaniquement une petite quantité d'eau vésiculaire. Cette eau peut être séparée mécaniquement dans des appareils spéciaux, ou vaporisée ultérieurement par élévation de la température de la vapeur dans un appareil appelé surchauffeur.

Vapeur surchauffée. — Si la vapeur saturée venant d'un générateur est envoyée à travers un surchauffeur, l'eau vésiculaire est d'abord vaporisée, puis la température de la vapeur sèche ainsi obtenue augmente. Cette vapeur pourra donc subir un refroidissement plus ou moins considérable suivant le degré de surchauffe, avant de se condenser. Tout le bénéfice, si appréciable, que procure l'emploi de la vapeur surchauffée résulte de cette propriété, qui évite les condensations dans les cylindres des machines à vapeur.

Facteur de siccité. — La notion de siccité prend une importance toute particulière dans le calcul du travail mécanique développé sur les aubages d'une turbine. Nous verrons que, durant la détente adiabatique, dont se rapprochent les turbines, une partie de la vapeur se condense par suite de l'abaissement de température qui se produit ; on appelle facteur de siccité le rapport du poids de vapeur sèche restant au bout d'un temps donné, au poids de vapeur sèche initial, soit

$$\text{Facteur de siccité} = \frac{\text{Vapeur sèche} - \text{Eau condensée}}{\text{Vapeur sèche}}.$$

Si, par exemple, la quantité d'eau condensée par kilogramme de vapeur atteint 25 0/0, le facteur de siccité sera :

$$\frac{100 - 25}{100} = \frac{75}{100} = \frac{3}{4} \text{ ou } 0,75,$$

de sorte que la quantité d'énergie encore contenue dans la vapeur en détente est égale à la quantité initiale multipliée par 0,75.

Chaleur totale de la vapeur. — C'est la quantité de chaleur qui a été nécessaire pour transformer 1 kilogramme d'eau à zéro en 1 kilogramme de vapeur à $t°$. D'après la théorie mécanique de la chaleur, la chaleur totale λ nécessaire pour transformer 1 kilogramme d'eau à 0° en vapeur saturée à une température de $t°$ se compose de deux parties : la chaleur sensible q nécessaire à échauffer l'eau de 0° à $t°$, et la chaleur de vaporisation r employée à faire passer l'eau à $t°$ à l'état de vapeur à $t°$:

$$\lambda = q + r.$$

La somme λ de la chaleur *latente* et de la chaleur *sensible* est égale, d'après Regnault, à :

$$\lambda = 606,5 + 0,305t \text{ calories,}$$

t étant la température de la vapeur.

La chaleur q nécessaire pour porter 1 kilogramme d'eau de 0° à t° est, d'après Regnault :

$$q = t + 0,00002\,t^2 + 0,0000003\,t^3 ;$$

en conséquence, on a pour la chaleur latente de vaporisation :

$$r = \lambda - q = 606,5 - 0,695\,t - 0,00002\,t^2 - 0,0000003\,t^3.$$

D'après la théorie mécanique de la chaleur, la chaleur de vaporisation r se compose de la quantité de chaleur employée à produire le travail de désagrégation des molécules : c'est la chaleur intérieure ρ ; et de la quantité de chaleur dépensée pour accomplir le travail extérieur : c'est la chaleur latente extérieure $A pu$:

$$r = \rho + Apu ; \quad \text{d'où :} \quad \lambda = q + \rho + Apu.$$

Le volume spécifique de 1 kilogramme de vapeur, exprimé en litres, c'est-à-dire le volume de vapeur produit par un volume d'eau est, d'après les lois de Mariotte et de Gay-Lussac,

$$4,543\,\frac{273 + t}{p},$$

t étant la température en degrés C., et p la pression en atmosphères.

Dans le tableau suivant on désigne par σ le volume spécifique de l'eau, c'est-à-dire le volume de 1 kilogramme d'eau, $0^{mc},001$; et par v, le volume spécifique de 1 kilogramme de vapeur saturée en mètres cubes : $v = \dfrac{1}{\gamma}$, γ étant le poids spécifique de 1 mètre cube.

| TENSION ABSOLUE de la vapeur p | | TEMPÉRATURES en degrés centigrades | CHALEUR TOTALE $\lambda = q + \rho + A.p.u$ | Chaleur de vaporisation r | | $u = v - c$ | POIDS spécifique du m³ de vapeur en kilogr. |
| en atmosphères de 76cm de mercure | en kilogrammes par m² | | Chaleur contenue dans le liquide $= q$ | Chaleur latente inférieure ρ | Chaleur latente extérieure $A.p.u$ | | |
			en calories par kilogramme				
1,0	10.334	100,0	100,500	496,300	40,200	1,6494	0,6059
1,1	11.367	102,7	103,216	494,180	40,421	1,5077	0,6628
1,2	12.400	105,2	105,740	492,210	40,626	1,3891	0,7194
1,3	13.434	107,5	108,104	490,367	40,816	1,2882	0,7757
1,4	14.467	109,7	110,316	488,643	40,993	1,2014	0,8317
1,5	15.501	111,7	112,408	487,014	41,159	1,1258	0,8874
1,6	16.534	113,7	114,389	485,471	41,315	1,0595	0,9430
1,7	17.568	115,5	116,269	484,008	41,463	1,0007	0,9983
1,8	18.601	117,3	118,059	482,616	41,602	0,9483	1,0534
1,9	19.635	119,0	119,779	481,279	41,734	0,9012	1,1084
2,0	20.668	120,6	121,417	480,005	41,861	0,8588	1,1631
2,2	22.734	123,6	124,513	477,601	42,096	0,7851	1,2721
2,5	25.835	127,8	128,753	474,310	42,416	0,6961	1,4345
2,7	27.901	130,4	131,354	472,293	42,610	0,6475	1,5420
3,0	31.002	133,9	134,989	469,477	42,876	0,5864	1,7024
3,2	33.068	136,1	137.247	467,729	43,040	0,5518	1,8088
3,5	36.169	139,2	140,438	465,261	43,269	0,5072	1,9676
3,7	38.236	141,2	142,453	463,703	43,413	0,4814	2,0279
4,0	41.336	144,0	145,310	461,495	43,614	0,4474	2,2303
4,2	43.403	145,8	147,114	460,104	46,739	0,4273	2,3349
4,5	46.503	148,3	149,708	458,103	43,918	0,4004	2,4911
4,7	48.570	150,0	151,360	456,829	43,030	0,3844	2,5949
5,0	51.670	152,2	153,741	454,994	44,192	0,3626	2,7500
5,2	53.737	153,7	155,262	453,823	44,293	0,3495	2,8531
5,5	56.837	155,8	157,471	452,523	44,441	0,3315	3,0073
5,7	58.904	157,2	158,880	451,039	44,533	0,3205	3,1098
6,0	62.004	159,3	160,938	449,457	44,667	0,3054	3,2632
6,2	64.071	160,5	162,255	448,444	44,753	0,2962	3,3652
6,5	67.171	162,4	164,181	446,965	44,876	0,2833	3,5178
6,7	69.238	163,6	165,428	446,008	44,956	0,2753	3,6192
7,0	72.338	165,3	167,243	444,616	45,070	0,2642	3,7711
7,5	77.505	168,1	170,142	442,393	45,250	0,2475	4,0234
8,0	82.672	170,8	172,888	440,289	45,420	0,2329	4,2745
8,5	87.839	173,4	175,514	438,280	45,578	0,2200	4,5248
9,0	93.006	175,8	178,017	436,366	45,727	0,2085	4,7741
9,5	98.173	178,1	180,408	434,539	45,868	0,1981	5,0226
10,0	103.340	180,3	182,749	432,775	46,001	0,1887	5,2704
10,5	108.507	182,4	184,927	431,090	46,127	0,1802	5,5174
11,0	113.674	184,5	187,065	429,460	46,247	0,1725	5,7636
11,5	118.841	186,5	189,131	427,886	46,362	0,1654	6,0092
12,0	124.008	188,4	191,126	426,368	46,471	0,1589	6,2543
12,5	129.175	190,3	193,060	424,896	46,576	0,1529	6,4786
13,0	134.342	192,1	194,944	423,465	46,676	0,1473	6,7124
13,5	139.509	193,8	196,766	422,080	46,772	0,1421	6,9857
14,0	141.766	195,5	198,537	420,736	46,864	0,1373	7,2283

L'augmentation de la chaleur latente à mesure que diminue la pression que l'on constate sur ce tableau est à souligner, car l'excellent rendement des turbines à basse pression en est la conséquence.

Chaleur latente. Chaleur sensible. Chaleur totale. — Nous avons défini ces expressions : la chaleur latente de vaporisation est la somme de la chaleur interne et de la chaleur externe. Elle est donnée dans la table, mais peut se calculer directement à l'aide de la formule approximative :

$$\text{Chaleur latente} = 606,5 - 0,695\, t,$$

t étant la température de la vapeur.

Exemple. — Calculer la chaleur totale, la chaleur latente et la chaleur sensible de 1 kilogramme de vapeur à une pression manométrique de 9 kilogrammes.

$9^{kg} + 1^{kg},033 = 10^{kg},033$ de pression absolue correspondent à peu près à une température de 180°,45.

Nous aurons alors :

$$606,5 + (0,305 \times 180°,45) = 661,54 \text{ calories (chaleur totale)};$$
$$606,5 - (0,695 \times 180°,46) = 481,09 \text{ calories (chaleur latente)};$$
$$661,54 - 481,09 = 180,45 \text{ (chaleur sensible)}.$$

Énergie potentielle. — C'est l'énergie de position contenue dans une quantité de vapeur donnée. Comme sa valeur dépend de la quantité de chaleur emmagasinée, elle varie donc pour un même poids de vapeur avec la pression et la température, et augmente avec elles.

Énergie cinétique. — Elle résulte de la libération de l'énergie potentielle qui était contenue dans la vapeur. Dans les machines alternatives, cette énergie pousse le piston et, en produisant le mouvement, fournit un travail mécanique qui sera utilisé.

Dans une turbine, la vapeur, sous certaines conditions de pression et de vitesse, agit directement sur les ailettes à qui elle communique un couple moteur. Elle abandonne une certaine quantité d'énergie cinétique, d'où il résulte une diminution de pression et de chaleur et une augmentation de volume. Si l'action s'exerce sur une seule rangée d'ailettes, il ne sera guère possible d'utiliser une grande part de l'énergie totale ; il est donc nécessaire de faire agir à nouveau la vapeur sortant du premier système sur un second où la vapeur abandonnera une nouvelle quantité d'énergie cinétique, et ainsi de suite, l'utilisation pouvant être poussée d'autant plus loin que le nombre des fractionnements de détente sera plus grand. Il faudra tenir compte cependant que, le volume augmentant à mesure que se fait la détente, les sections de passage de la vapeur à travers les ailettes devront être accrues parallèlement.

L'énergie cinétique se déduit de l'expression de la force vive :

$$\frac{m V^2}{2},$$

dans laquelle on remplace la masse par son expression en fonction du poids $\frac{P}{g}$, soit :

$$E = \frac{P V^2}{2g}, \tag{1}$$

où P est le poids en kilogrammes ; g, l'accélération de la pesanteur ; et V, la vitesse en mètres par seconde.

La variation de force vive, autrement dit le travail effectué, est alors, en négligeant le frottement et autres pertes :

$$W = \frac{P}{2g} (V^2 - v^2),$$

V étant la vitesse de la vapeur à son entrée dans les ailettes, et v, la vitesse à sa sortie.

Exemple.—Soient 120 et 90 m. : *s.* les vitesses respectives de la vapeur traversant un disque ; chaque kilogramme de vapeur libérera au passage, dans ces conditions, un travail de :

$$W = \frac{P(V^2 - v^2)}{2 \times 9,81} = \frac{1}{19,62} \times (\overline{120^2} - \overline{90^2}) = 320 \text{ kilogrammètres.}$$

Chute de pression et accroissement de vitesse. — Toute diminution de pression ou détente est accompagnée d'un accroissement de la vitesse, qui peut se déduire de la formule (1). En faisant P = 1, c'est-à-dire en prenant comme base le kilogramme de vapeur, et en exprimant notre énergie en calories, c'est-à-dire en faisant :

$$E^{kgm} = 425 \, Q \text{ calories,}$$

on a :

$$\frac{V^2}{2g} = 425 \, Q, \quad \text{d'où :} \quad V = \sqrt{19,62 \times 425 \times Q}. \quad (2)$$

Connaissant l'énergie contenue dans 1 kilogramme de vapeur sous forme de Q_1 calories à la pression P_1, et l'énergie contenue sous forme de Q_2 calories à la pression P_2, la chute de pression $P_1 - P_2$ correspond à une chute thermique de $Q_1 - Q_2 = Q$ calories libérées par la détente, et pour laquelle la vitesse finale atteindra une valeur donnée par (2).

Exemple.—Quelle sera la vitesse (en m. : s.) que prendra la vapeur se détendant à travers les ailettes d'une turbine, en supposant que les calories à l'entrée soient de 669 calories par kilogramme, et à la sortie de 667^{cal},9 par kilogramme (abstraction faite des pertes diverses), soit une dépense de 1^{cal},1

Par application de (2), on a :

$$V = \sqrt{8.338 \times 41} = 95 \text{ m. : s.}$$

L'énergie cinétique de ce kilogramme de vapeur sera, dans ces conditions, par application de (1) :

$$\text{Énergie} = \frac{\overline{95^2} \times 1}{19,62} = 460 \text{ kilogrammètres,}$$

ce qui correspond bien à la dépense de $\frac{460}{425} = 1^{cal},1$ environ indiquée précédemment.

On calcule dans ces conditions que la vitesse finale prise par de la vapeur à 12 kilogrammes se détendant jusqu'à la pression atmosphérique atteint 910 m. : s.; si elle est poussée jusqu'à un vide de 63^{cm},5, la vitesse atteindra 940 m. : s.

Dans les turbines, au passage de chaque rangée d'ailettes mobiles, il se produit un petit abaissement de pression et de température, par suite de la dépense, sous forme de travail utilisé à faire tourner le rotor, d'une petite quantité des calories emmagasinées dans la vapeur. A cette diminution de pression correspond une augmentation de la vitesse et du volume de la vapeur.

La chute de pression pour chaque rangée d'ailettes est, dans les turbines marines Parsons, de 0^{kg},053.

Chute thermique et travail produit. — La chute de pression et la chute thermique qui s'accomplissent dans une turbine peuvent être expliquées élémentairement comme suit : la vitesse nécessaire pour que la vapeur acquière une énergie cinétique, se transformant en travail sur les ailettes du rotor, est obtenue par une chute de pression et une dépense de calories appropriées.

La quantité de calories utilisables en travail correspondant à la détente entre des limites de pression déterminées varie suivant le mode de détente adopté : isothermique ou adiabatique.

Dans les turbines, la vapeur se détend adiabatiquement, ou tout au moins se rapproche de ce mode de travail. La dépense de chaleur pour une chute de pression donnée est, dans ces conditions, supérieure à celle qui est indiquée par la table de Zeuner pour la chaleur interne, car une partie de la vapeur se condense durant la détente, ce qui réduit d'autant le poids de vapeur sèche, c'est-à-dire la quantité de calories transformables.

Il convient enfin de faire remarquer que la dépense de chaleur par élément sera plus faible dans les turbines basse pression que dans les turbines haute pression, car la chaleur totale dans la vapeur à basse pression est plus grande, pour une même chute de pression, que dans la vapeur à haute pression. En d'autres termes, la dépense de calories nécessaire pour fournir le travail à développer est obtenue avec une chute de pression plus faible pour la vapeur à basse pression que pour la vapeur à haute pression.

Détente isothermique. — C'est la condition d'un fluide qui se détend à température constante. Elle est basée sur la loi de Mariotte, d'après laquelle la pression d'un gaz varie inversement à son volume, et s'exprime par la relation :

$$p_1 v_1 = p_2 v_2 = \text{Constante,}$$

dans laquelle $p_1 v_1$ caractérisent le volume et la pression en l'état initial, et $p_2 v_2$ le volume et la pression en l'état final. On remarquera que la relation précédente est l'équation d'une hyperbole équilatère ; cependant, la vapeur n'étant pas un gaz parfait, sa détente ne suit pas rigoureusement la loi exprimée par l'hyperbole (1), mais celle de la courbe (2) tracée d'après les lois de la détente dans une machine à piston. Dans les turbines, la détente se rapproche encore de la ligne adiabatique, représentée sur le diagramme par la courbe (3).

Détente adiabatique. — C'est la condition qui caractérise un fluide se détendant sans gagner ni perdre de la chaleur. Dans ces conditions, tout le travail développé est emprunté à l'énergie interne de la vapeur, pendant que la pression et la température s'abaissent et que le volume et la vitesse augmentent.

La relation liant la pression au volume est ici :

$$p_1 v_1^k = p_2 v_2^k = \text{constante,}$$

elle est exprimée graphiquement par la courbe (3), qui correspond à une valeur déterminée de k.

Limite de la détente utilisable. — Dans les meilleures
machines marines modernes à triple expansion, possédant un

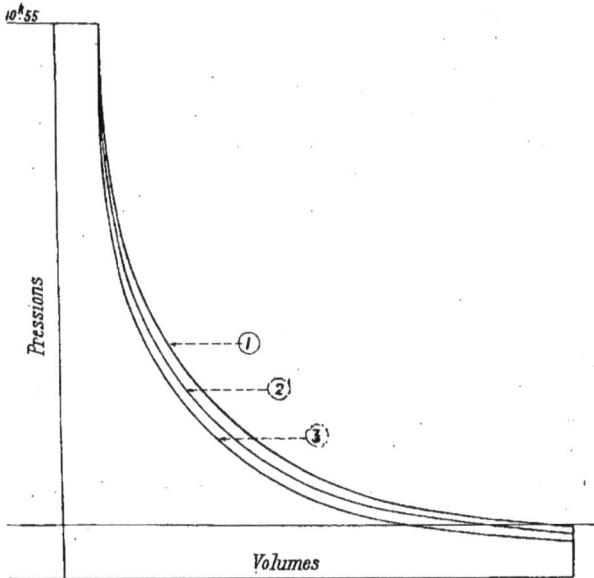

Courbes des expansions de la vapeur.

1. Courbe isothermique ou hyperbolique $P \times V = $ Constante (gaz parfait);

2. Courbe pour vapeur saturée $P \times V^{\frac{17}{16}} = $ Constante (approximativement les machines
   alternatives);

3. Courbe adiabatique $P \times V^{\frac{10}{9}} = $ Constante (approximativement les appareils à turbines).

rapport des sections entre les cylindres haute pression et basse
pression de 7,5, et une admission de 33 0/0, soit 1/3 de course,
la valeur limite de l'expansion de la vapeur atteint :

$$7,5 \times 3 = 22,5.$$

Dans une turbine on peut pousser la détente jusqu'à 125 ou

140 fois le volume initial. Avec une turbine fonctionnant entre les limites de pression de $10^{kg},5$ à l'admission et $0^{kg},07$ au condenseur, la valeur de la détente atteint 150.

La quantité de travail utilisable étant d'autant plus grande que la détente a été poussée plus loin, on voit toute l'importance du vide poussé au condenseur.

Travail effectué par la détente adiabatique. — Pour calculer le travail développé durant l'expansion adiabatique dans les turbines, il est nécessaire de partir des données suivantes :

La température absolue de la vapeur avant et après expansion ;

La chaleur latente avant et après expansion :

Le facteur de siccité avant et après expansion.

Posons :

T_1 et T_2, les températures absolues initiale et finale ;

Q_1 et Q_2, les chaleurs latentes initiale et finale ;

f_1 et f_2, les facteurs de siccité.

La quantité d'énergie potentielle exprimée en calories, qui sera convertie en énergie cinétique ou travail, est donnée approximativement par :

$$(f_1 \times Q_1) - (f_2 \times Q_2) + (T_1 - T_2) \text{ calories par kilogr. de vapeur.} \quad (3)$$

Nous savons, d'autre part, que l'expression de l'énergie cinétique en fonction de la vitesse est :

$$\frac{V^2}{2g} \text{ en kilogrammètres ;}$$

soit :

$$\frac{V^2}{2g \times 425} \text{ en calories.}$$

De là on tire :

$$V = \sqrt{2g \times 425 \times Q} \quad \text{m. : s.,}$$

expression (2) trouvée plus haut.

Des exemples montreront le mode d'application de ces formules.

Exemple I. — Chercher le nombre de calories, par kilo-gramme de vapeur, utilisables sous forme de travail dans une turbine marine à haute pression fonctionnant entre les limites de détente de $10^{kg},54$ et $9^{kg},84$.

Les températures et chaleurs latentes correspondantes se tirent de la table donnée ; ce sont :

$$T_1 = 181,1 + 273 = 454°,1 ;$$
$$T_2 = 178,3 + 273 = 451°,3 ;$$
$$Q_1 = 480,6 ;$$
$$Q_2 = 482,6.$$

Les facteurs de siccité seront :

$$f_1 = 1 \quad \text{et} \quad f_2 = 0,996.$$

Dans ces conditions, l'expression (3) nous donne :

$$(1 \times 480,6) - (0,996 \times 482,6) + (454,1 - 451,3) = 2,7 \text{ calories par kilogr.,}$$

et la vitesse de vapeur correspondante est :

$$V = \sqrt{19,62 \times 425 \times 2,7} = 150 \text{ m. : s.}$$

Exemple II. — Chercher de façon analogue les calories transformées en travail dans une turbine à basse pression, entre les limites de pression de $0^{kg},421$ et $0^{kg},141$.

Les données numériques sont dans ce cas :

$$T_1 = 76,77 + 273 = 349°,67 ;$$
$$T_2 = 52,22 + 273 = 325°,22 ;$$
$$Q_1 = 553,2 ;$$
$$Q_2 = 570,2 ;$$
$$f_1 = 0,85 ;$$
$$f_2 = 0,80.$$

L'expression (3) nous donne :

$$(0,85 \times 553,2) - (0,8 \times 570,2) + (346,67 - 325,22) = 38,5 \text{ calories,}$$

et la vitesse correspondante est :

$$V = \sqrt{19,62 \times 425 \times 38,5} = 566 \text{ mètres par seconde.}$$

On remarquera, en comparant les deux cas précédents, que dans le premier, malgré une chute de pression de $0^{kg},7$, la quantité de chaleur transformée en travail est de $2^{cal},7$, tandis que, dans le second, avec une chute de pression de $0^{kg},28$ seulement, on a transformé $38^{cal},4$. Ceci démontre éloquemment le rendement thermodynamique supérieur des turbines à basse pression.

La pratique confirme cette constatation : c'est ainsi que, dans les installations à trois arbres, les deux turbines latérales développent chacune une puissance égale à celle de la turbine haute pression, quoique recevant seulement une quantité de vapeur moitié moindre et à pression bien inférieure.

La raison de ceci est que la dépense de chaleur, pour une chute de pression donnée, augmente à mesure que diminue la pression, et, comme le travail recueilli dépend uniquement de la quantité de chaleur dépensée, il en résulte qu'avec les très basses pressions on peut obtenir une même quantité de travail pour une chute de pression plus faible.

Il faut également noter soigneusement que, dans la pratique des turbines à vapeur, la quantité de travail recueillie à chaque disque ou rangée d'ailettes dépend uniquement de la dépense de calories, indépendamment de la pression. Il suit également de ce qui précède que le vide est un facteur important de l'économie des turbines, car nous venons de voir que c'est aux très basses pressions que l'utilisation thermodynamique est la plus effective.

Enfin, comparant les caractéristiques de fonctionnement des turbines à haute et basse pression, on se rappellera que :

1° La chute de pression nécessaire pour produire le même travail est moindre dans la turbine basse pression ;

2° Que l'on peut développer la même puissance avec une

turbine basse pression qu'avec une turbine haute pression consommant deux fois plus de vapeur, et que, par suite, on peut accoupler aisément deux turbines basse pression à la suite d'une turbine haute pression.

Influence du vide. — D'après les essais pratiques que nous rapportons plus loin, on a constaté qu'une turbine basse pression, fonctionnant entre les limites de vide de 38 centimètres de mercure à l'admission et de 71 centimètres à l'échappement, a fourni la même puissance qu'une turbine haute pression fonctionnant entre les limites de pression de $5^{kg},72$ à l'admission et de $0^{kg},516$ à l'échappement.

Cet exemple montre de façon particulièrement frappante toute l'importance que possède le vide sur la puissance des turbines à vapeur. C'est, croyons-nous, une des caractéristiques les plus essentielles de la turbine, le point par lequel elle se distingue le plus de la machine à piston.

Condensations nuisibles. — Dans les machines à piston, les pertes provenant des condensations dans le cylindre sont assez importantes. La cause bien connue en est dans les différences de températures existant dans le même cylindre entre la pression d'admission et la pression d'échappement; ceci provoque des condensations de vapeur n'ayant pas encore produit de travail, ce qui diminue le rendement.

Dans les turbines, on n'observe pas de variations périodiques de températures en un même point; la chute de température est régulière depuis le côté de l'admission jusqu'à celui de l'échappement.

D'ailleurs l'eau condensée n'expose pas à des accidents comme dans les cylindres : elle est simplement évacuée au condenseur et n'a d'autre inconvénient que d'augmenter la friction sur les ailettes. L'eau que l'on constate dans les turbines est celle qui est due à la détente adiabatique.

Frottement sur les ailettes. — Étant donnée la grande vitesse d'écoulement de la vapeur à travers les aubages, la fric-

tion du fluide sur ceux-ci prend une importance toute particulière. Ce frottement sera d'autant plus important que la densité
du fluide sera plus grande ; on voit que l'eau vésiculaire dans
la vapeur est, à ce point de vue, plus gênante dans la turbine
que dans la machine à piston, et que la surchauffe est bien
plus nécessaire avec ce type de moteur.

Principe des turbines. — Le but de la turbine à vapeur
est de convertir l'énergie cinétique de la vapeur en un mouvement de rotation.

Les deux principaux moyens employés à cet effet sont :

L'action directe ou impulsion. — Dans ce type de turbine la

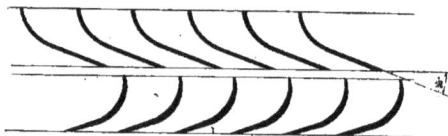

Type d'aubage réaction.

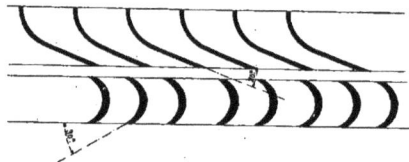

Type d'aubage action.

vapeur se détend dans un ajutage et prend une grande vitesse ;
puis, elle agit par choc sur les augets d'une roue clavetée à
un arbre récepteur. Le prototype est la turbine de Laval.

La réaction. — Dans ce type, la vapeur se détend progressivement en traversant une série de distributeurs et d'augets
récepteurs. C'est en quittant l'auget que se produit l'effort de
répulsion.

La turbine Parsons est généralement considérée comme le

prototype des turbines à réaction ; mais, en réalité, elle est intermédiaire entre les deux : le mouvement moteur est donné par impulsion lorsque la vapeur rencontre l'auget, puis par répulsion lorsqu'elle le quitte.

Les deux figures de la page 16 montrent le type d'aubage pour ces deux différents modèles fondamentaux de turbines, accompagnés ici des diagrammes de vitesse correspondants.

On voit que, dans les deux cas, les tuyères de distribution sont les mêmes, mais que les aubages de réception diffèrent : alors que dans la turbine à réaction la section des aubes

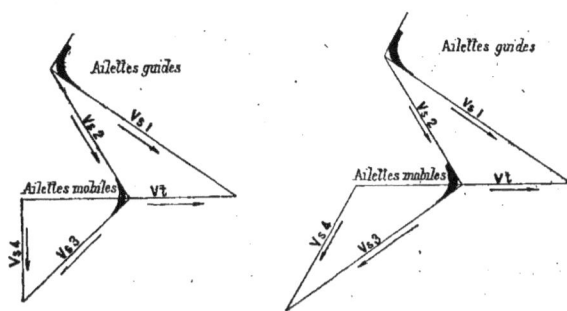

Diagrammes de vitesse.

Turbine d'action.   Turbine de réaction.

mobiles va en décroissant, dans la turbine à action la section des aubages est la même à l'entrée et à la sortie. C'est que, dans le premier cas, la détente se poursuit dans l'aubage même, la vitesse de la vapeur augmentant, alors que dans la seconde la vitesse ne varie pas.

Les diagrammes permettent de se rendre un compte plus exact de ces différences de fonctionnement.

Appelons :

V_{s1} = vitesse absolue initiale de la vapeur ;
V_{s2} = vitesse relative d'entrée aux ailettes ;
V_{s3} = vitesse relative à la sortie des ailettes ;
V_{s4} = vitesse absolue à la sortie des ailettes ;
V_t = vitesse résultante communiquée au rotor.

2

La vitesse relative d'entrée s'obtiendra par composition de la vitesse absolue d'entrée V_{s1} avec la vitesse périphérique V_t; de même, la vitesse relative de sortie résultera de la composition entre la vitesse périphérique V_t et la vitesse absolue V_{s4}. Les diagrammes montrent la façon dont se fait la composition dans les deux types de turbines.

On y voit clairement que, dans la turbine d'action, la vitesse à l'entrée V_{s2} est égale à la vitesse à la sortie V_{s3} (si l'on fait abstraction des frottements), alors que dans la turbine de réaction V_{s3} est plus grand que V_{s2}; la vitesse d'écoulement de la vapeur a continué à s'accroître à l'intérieur de l'aubage.

D'après ces épures des vitesses, il est facile de calculer le travail effectué.

Travail dans la turbine d'action. — La quantité d'énergie contenue dans la vapeur à l'entrée dans l'aubage est, en kilogrammètres :

$$\mho_1 = \frac{V_{s_1}^2}{2g}.$$

Celle qui est contenue dans la vapeur à la sortie de l'aubage est :

$$\mho_2 = \frac{V_{s_1}^2}{2g}.$$

De sorte que le travail indiqué accompli par la vapeur par son passage à travers l'élément est par kilogramme de vapeur :

$$\mho = \mho_1 - \mho_2 = \frac{V_{s_1}^2 - V_{s_1}^2}{2g}.$$

Travail dans la turbine de réaction. — Ici le travail de détente s'effectue à la fois dans le distributeur et dans l'aubage.

Le travail accompli dans le distributeur sera donné par l'expression que nous venons d'envisager :

$$\mho_1 = \frac{V_{s_1}^2 - V_{s_1}^2}{2g}.$$

Dans l'aubage il y aura également dépense de travail, puisque la vitesse de sortie est plus grande que la vitesse d'entrée; on aura donc :

$$\mathfrak{S}_2 = \frac{V_{s_3}^2 - V_{s_2}^2}{2g}.$$

Et le travail total accompli par élément sera, par kilogramme de vapeur :

$$\mathfrak{S} = \mathfrak{S}_1 + \mathfrak{S}_2 = \frac{(V_{s_1}^2 - V_{s_1}^2) + (V_{s_3}^2 - V_{s_2}^2)}{2g}.$$

II

PRINCIPAUX TYPES DE TURBINES MARINES

Classification des turbines. — Le prototype de la turbine d'action est la turbine Laval; celui de la turbine de réaction est la turbine Parsons.

La plupart des types commerciaux de turbines peuvent se rattacher au principe d'action. C'est ainsi que la turbine Curtis est une dérivée de la turbine de Laval, parce que, comme elle, elle est à admission partielle; mais la détente ne s'effectue pas en une seule fois, et, au lieu d'une seule roue, elle en possède plusieurs, et quelquefois plusieurs séries constituant autant de groupes successifs, la détente ayant seulement lieu entre chaque groupe.

La turbine Rateau dérive également du type de Laval en ce que la vapeur arrive à la première roue mobile complètement détendue, cette détente s'effectuant dans le distributeur; la force vive de la vapeur, mise ainsi en liberté, est dépensée successivement dans une série de roues mobiles tournant dans le flux de la vapeur; le passage de la vapeur, d'une roue à l'autre, et son changement de direction sont réglés par des roues fixes intercalées entre les roues mobiles.

La turbine Zoelly est identique, comme principe, à la turbine Rateau. Ce sont deux turbines à plusieurs échelons de vitesse. Elles sont ordinairement construites en deux sections, l'une constitue la section haute pression, et l'autre la section basse pression. Elles se différencient surtout par leurs détails de construction.

Les turbines d'action présentent certains avantages de fonctionnement sur les turbines de réaction, qu'il importe de faire ressortir dans ces généralités. Nous empruntons à la communication faite par M. J. Rey aux Ingénieurs civils, sur les turbines Rateau, les démonstrations suivantes :

Dans la turbine à réaction, il est nécessaire :

1° D'équilibrer la poussée axiale provenant de la différence des pressions de la vapeur sur les deux faces de chaque roue mobile ; ceci, qui est un inconvénient dans les installations à poste fixe, devient avantageux pour les installations marines ; nous insistons plus loin sur ce fait ;

2° De ne laisser subsister que de faibles jeux entre les parties fixes et les parties mobiles pour empêcher les fuites de vapeur d'une face à l'autre de l'aubage ;

3° De pratiquer l'injection totale sur toute la périphérie de la roue en vue d'éviter les pertes par tourbillonnements, lorsque les canaux de l'aubage mobile arrivent en face d'une paroi fixe.

Le dessin schématique de la figure ci-contre fait comprendre la différence fondamentale qui sépare le fonctionnement d'une turbine à réaction à tambour du système Parsons, de celui d'une turbine d'action multicellulaire du système Rateau, toutes les deux héliçoïdes.

Dans le système Parsons, on équilibre cette poussée en faisant parcourir à la vapeur deux trajets de sens inverses, ou bien on emploie un piston d'équilibrage placé à l'extrémité de la machine et sur les deux faces duquel on admet de la vapeur à des pressions différentes.

Dans la turbine d'action multicellulaire, tout dispositif d'équilibrage est supprimé.

Dans la turbine à réaction, le jeu entre les aubages mobiles et l'enveloppe doit être réduit au minimum. Il en est de même du jeu entre la périphérie extérieure du tambour et la face interne de la couronne fixe des distributeurs.

Dans la turbine multicellulaire, le jeu peut être considérable et atteint, en pratique, jusqu'à 3 et 4 millimètres entre la

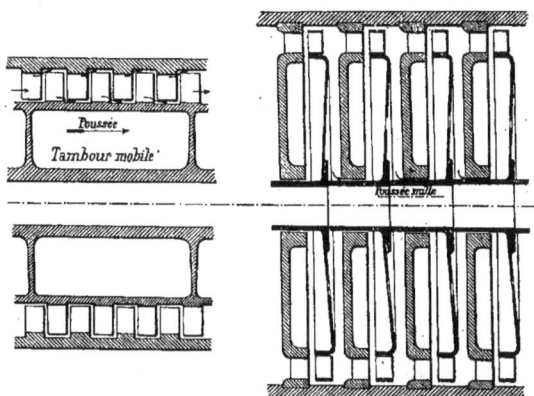

Comparaison schématique des turbines d'action et de réaction.

Turbine de réaction (Parsons).   Turbine d'action (Rateau).

partie fixe, distributeur ou enveloppe, et la roue mobile. Seul, le jeu existant entre l'arbre et le moyeu interne du distributeur doit être réduit à 1 millimètre environ.

Lorsque l'aubage mobile d'une turbine à réaction, remplie de vapeur, se trouve, par le fait même de son mouvement, placé en face d'une paroi fixe, ce qui arriverait si le distributeur ne s'étendait que sur un arc de la périphérie, il se produit, par le fait même de la pression dans les aubes, un reflux de la vapeur en sens inverse du mouvement, amenant forcément des frottements et tourbillonnements considérables qui absorbent une partie de l'énergie.

Ce phénomène oblige, dans les turbines à réaction, à une distribution sur toute la périphérie ; aussi les premières roues du côté de la haute pression sont-elles de faible diamètre, car, pour ces fortes densités de vapeur, si l'on employait de grandes roues, la section totale du distributeur conduirait à des ailes d'une hauteur trop faible, ne dépassant pas 1 ou 2 millimètres.

Il n'est donc pas superflu de faire remarquer que le mode de fonctionnement par action présente des avantages très sérieux, soit au point de vue de la construction, soit au point de vue de la simplification de la machine, sur le mode de fonctionnement par réaction.

Turbine marine Curtis. — Après la turbine Parsons qui fait l'objet essentiel de ce travail, la turbine la plus employée en applications maritimes est la turbine Curtis, d'origine américaine ; elle commence à se répandre sur une grande échelle.

La turbine Rateau dont nous venons de parler, qui possède de très remarquables qualités, ne semble pas encore définitivement sortie de la période expérimentale, en ce qui concerne l'emploi en Marine. On ne peut guère citer que des expériences de faible puissance : le torpilleur *243* de la Marine française, le torpilleur *Yawow* de la Marine anglaise, et différents petits navires de croisière.

Nous donnons, d'après le mémoire documenté de M. Eveno, publié dans le *Bulletin technologique des Arts et Métiers*, un aperçu sur l'état actuel de la turbine marine Curtis.

Cette turbine est surtout connue dans ses applications électriques, elle est alors disposée verticalement, et, sous cette forme, on ne pouvait songer à l'utiliser pour la propulsion maritime. On l'a donc transformée en turbine horizontale. Elle diffère de la turbine Parsons, quant à son mode d'action ; elle en diffère aussi quant à la forme et surtout à l'encombrement. Elle transmet toute sa puissance à l'hélice dans un seul corps. De plus, lorsqu'on l'applique à un navire de guerre, la marche à vitesse réduite n'exige pas de turbine spéciale. En résumé, elle renferme en une turbine unique la marche avant, la marche arrière et la marche de croisière. Mais, sur les navires de guerre ou les paquebots qui l'ont jusqu'ici utilisée, on ne la rencontre jamais seule. L'installation habituelle comporte deux turbines symétriques de mêmes dimensions, tout à

fait indépendantes, comme le sont deux machines à piston.
Chaque turbine conduit une hélice. La figure ci-dessous la représente en coupe schématique, telle que nous la montre le journal
américain de la *Société des Architectes navals*. L'enveloppe
en fonte est en plusieurs tronçons demi-cylindriques ; l'arbre

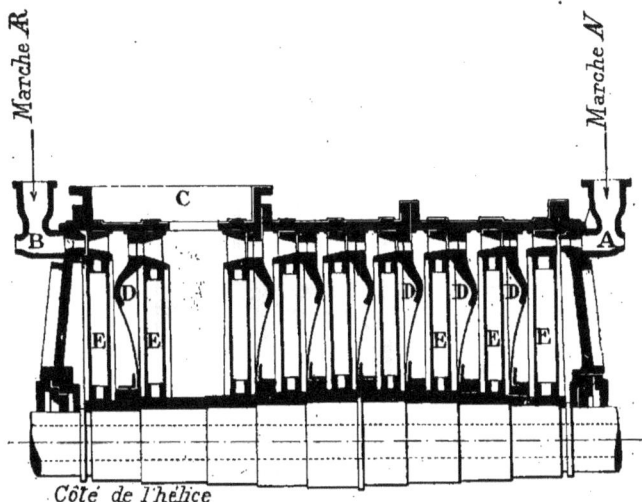

Coupe à travers une turbine marine Curtis.

creux est en acier forgé ; il passe dans deux presse-étoupe constitués par une garniture spéciale dans laquelle la vapeur circu-
cule, le tout constituant un joint étanche.

Les rotors E, E, E, sont constitués par un moyeu en acier
coulé, calé sur l'arbre, réuni à une couronne en acier forgé, par
deux plateaux annulaires, en tôle d'acier, au moyen de rivets
et de goujons vissés ; les diaphragmes D, D, D, placés entre
chaque rotor sont formés par des disques d'acier embouti,
rivés à deux anneaux, l'un intérieur, en acier coulé ajusté sur
le moyeu du rotor qui le précède, l'autre extérieur, également
en acier coulé ; ce dernier est encastré dans les rainures du

cloisonnement venu de fonte avec le cylindre de la turbine;
les disques, emboutis, sont d'une seule pièce, ainsi que les deux
anneaux intérieurs et extérieurs. Cet assemblage constitue un
tout rigide dans lequel tournent les rotors et, pour cette raison,
la portée de l'anneau intérieur est garnie de métal blanc. Tous
les diaphragmes sont assemblés de telle sorte qu'ils ne peuvent
pas être entraînés dans le mouvement de rotation des rotors.

Entre deux diaphragmes consécutifs D, D (*fig.* ci-jointe),

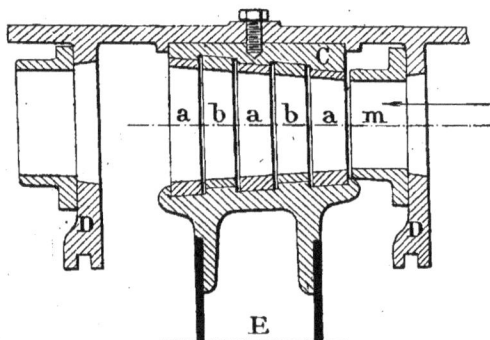

Détail de la turbine marine Curtis

formant un compartiment, on trouve les organes suivants :

1° Trois couronnes d'aubes mobiles *a*, *a*, *a*, sauf dans la
première roue où il y en a quatre quelquefois; ces couronnes
sont fixées au rotor E;

2° Deux couronnes d'aubes fixes *b*, *b*, *b*; elles sont portées à
trois dans la première roue, quand il y a quatre couronnes
d'aubes mobiles;

3° Un arc plus ou moins étendu de tubulures distributrices *m*.

Les couronnes d'aubes mobiles sont sectionnées en tronçons
de 3 centimètres environ de longueur, assemblés bout à bout,
dans les cannelures périphériques de chaque roue ou rotor E;
les couronnes d'aubes fixes, également segmentées, sont assem-

blécs, de la même manière, dans les cannelures de l'anneau C
fixé à la paroi intérieure du cylindre. Les ailettes ou aubes des
couronnes sont venues de fonderie, elles ne sont pas indépendantes, comme dans la turbine Parsons. L'ensemble des couronnes est exécuté en bronze dur poli partout. Les tubulures
distributrices m, également en bronze, sont fixées, en une ou
plusieurs pièces, contre le cloisonnement D de chaque diaphragme. Elles ont pour mission de diriger le flux de vapeur
vers les ailettes de la première couronne mobile, suivant un
angle d'environ 20° avec leur plan de mouvement. C'est l'angle
d'inclinaison du distributeur, pratiquement le plus faible,
d'une turbine d'impulsion du type de Laval ; il donne la direction de la vitesse absolue de la vapeur.

L'ensemble de la turbine, représentée par la précédente
figure, comprend sept compartiments dans chacun desquels
tourne une roue, telle que E, portant trois couronnes mobiles, alternant avec deux couronnes fixes.

Pour la marche arrière, deux roues semblables portent,
chacune, un jeu de trois couronnes mobiles dont les aubes sont
inversées.

Les neuf roues se meuvent dans le même cylindre. La
vapeur vive est introduite en A pour la marche avant et en B
pour la marche arrière. Le conduit C, d'échappement au condenseur, est rectangulaire ; il est commun aux deux turbines
marche avant et arrière. L'arbre qui porte l'ensemble des
rotors tourne dans les coussinets de deux paliers extérieurs
placés aussi près que possible du presse-étoupe. Comme pour
la turbine Parsons, le graissage des coussinets se fait sous
pression d'huile, et il est entièrement extérieur ; de sorte que
la vapeur produit une eau de condensation tout à fait exempte
de matières grasses. L'arbre se prolonge sur l'avant de la
quantité nécessaire pour recevoir le palier de butée.

Le condenseur et les différentes pompes nécessaires pour la
condensation, l'alimentation et le graissage sous pression,
s'établissent comme pour une installation de turbines Parsons.

Mode de fonctionnement. — La vapeur vive, introduite par

la valve A, subit, en traversant les tubulures directrices, une
première et forte détente qui abaisse sa pression de près de
moitié et lui communique une grande vitesse, avec laquelle
elle vient frapper les aubes de la première couronne avec
toute son énergie cinétique ; en quittant les aubes de cette
première couronne, elle traverse une couronne fixe dont les
aubes lui impriment une direction divergente. Le jet de vapeur
rencontre alors les aubes de la seconde couronne mobile et lui
communique son énergie ; il en est de même pour la troisième
et la quatrième couronne de la première roue. En sortant des
aubes de la dernière couronne, la vapeur se répand dans le
premier compartiment. Dans son passage à travers les différents
aubages, la vapeur a subi une certaine perte de charge qui se
traduit par une pression inférieure à celle qu'elle possédait en
entrant dans la première couronne.

La vapeur, traversant alors les tubulures directrices du
second compartiment, vient agir sur les couronnes de la
seconde roue, de la même manière que précédemment ; toutefois, comme la différence de pression dans le second compartiment est moitié moindre que la différence de pression dans
le premier, la force d'impulsion que communiquera le jet de
vapeur aux différentes couronnes du second compartiment sera
diminuée et, pour cette raison, il suffira de monter la deuxième
roue avec trois couronnes d'aubes, alternant avec deux couronnes fixes. Pour les mêmes raisons, les roues suivantes
seront équipées de la même manière.

Il est facile de voir que, dans la turbine Curtis représentée
sur la figure, la chute totale de pression, entre la valve et le
condenseur, se trouve répartie dans les sept compartiments,
formant, ainsi, autant d'échelons de pression, à la manière de
la turbine Parsons ; mais, tandis que, dans celle-ci, la détente
peut être considérée comme continue, il en est autrement dans
la turbine Curtis qui, ici, opère la détente en sept chutes
seulement.

Le tableau ci-après a été relevé sur une turbine de 1.800 chevaux fonctionnant avec une pression absolue aux chaudières

de 17^{kg},5, dans les conditions qui viennent d'être définies. Le septième compartiment est, ici, en communication directe avec le condenseur dont il marque la pression absolue.

Dans cette turbine, environ le quart de l'énergie totale de la vapeur est dépensé dans le premier compartiment; les trois autres quarts sont répartis à peu près également entre les six autres. Remarquons ici que, quelle que soit la puissance d'une turbine Curtis, si elle travaille dans des conditions similaires, les pressions dans chaque compartiment seront sensiblement celles portées au tableau.

NUMÉROS des compartiments	PRESSION ABSOLUE DE LA VAPEUR en kilogrammes par centimètre carré			SECTION DES TUBULURES directrices en centimètres carrés	
	à l'entrée des tubulures directrices	à la sortie des tubulures directrices	à la sortie de la roue dans le compartiment	à l'entrée	à la sortie
1	10,74	6,73	5,55	8,64	9,70
2	3,21	3,21	2,94	27,35	27,35
3	1,69	1,69	1,49	50,3	50,3
4	0,85	0,85	0,73	95,7	95,7
5	0,42	0,42	0,31	188,7	188,7
6	0,20	0,20	0,16	391,2	391,2
7	0,09	0,09	0,07	870,75	870,75

Dans toute turbine du type de Laval, la vitesse périphérique de la roue devrait être la moitié de la vitesse absolue du jet de vapeur; on aurait ainsi un rendement théorique, maximum, dont le coefficient serait égal à l'unité : cette condition suppose un angle d'inclinaison des tubulures distributrices égal à zéro, ce qui n'est pas réalisable. D'après M. Sosnowsky, cet angle ne doit pas avoir une valeur inférieure à 20°, et, dans ces conditions, en fixant la vitesse relative d'entrée et de sortie de la vapeur, à la même valeur que la vitesse périphérique de la roue. le rendement maximum possible, avec une seule roue, serait de 0,87. Ceci ne s'applique qu'à une seule couronne d'aubes montée sur une roue unique.

Si l'on monte, sur cette roue, une deuxième couronne, les

deux couronnes recevront chacune l'impulsion du jet de vapeur
de vitesse V. La vitesse de la roue sera donc doublée, et l'énergie cinétique imprimée $\dfrac{mV^2}{2}$ sera quadruplée, et comme, ici,
V représente la vitesse absolue de la vapeur, on peut conclure
que pour une même puissance on peut, avec deux couronnes,
réduire de moitié la vitesse linéaire de la roue, ce qui peut
s'exprimer par cette règle, d'ailleurs théoriquement vraie, que
pour une même puissance développée, la réduction de vitesse
linéaire de la turbine sera proportionnelle au nombre de couronnes d'aubes montées sur la même roue. D'autre part, nous
savons que la réduction de vitesse linéaire est aussi proportionnelle à la racine carrée du nombre d'échelons de pression,
c'est-à-dire du nombre de compartiments, dans le cas de la
turbine Curtis. Celle-ci a donc à sa disposition deux moyens
de réduire le nombre de tours de l'hélice ; mais on peut faire
cette remarque qu'on obtient la même réduction de vitesse en
plaçant, dans un compartiment, une roue portant trois couronnes d'ailettes qu'en plaçant neuf roues à simples couronnes
dans neuf compartiments différents ; dans les deux cas, la
vitesse linéaire de la turbine est divisée par trois.

Pour une turbine de 3.500 chevaux tournant à 475 tours, on
a admis des roues de 2 mètres de diamètre, ce qui donne une
vitesse linéaire de 47^m,50.

L'examen du tableau montre que, dans la turbine Curtis,
les sections des tubulures directrices augmentent presque dans
le rapport inverse des pressions. Cet accroissement est justifié
par l'augmentation de volume que prend la vapeur, en se
détendant sur son parcours, depuis la valve d'introduction
jusqu'au condenseur. Chaque tubulure distributrice, donnant
la vapeur vive à la première roue, porte une soupape. Ces
tubulures occupent une faible portion de la circonférence du
couvercle du cylindre ; cette portion augmente ensuite, graduellement, d'un compartiment à l'autre, jusqu'à devenir toute
la circonférence au dernier diaphragme. Toutes les tubulures
situées à l'intérieur des divers compartiments sont munies de

registres manœuvrables du dehors. On peut donc, au moyen des soupapes placées à l'entrée de la turbine et des registres de chaque compartiment, régler les sections successives de passage de la vapeur, selon la vitesse à obtenir. Cette propriété, que possède la turbine Curtis, d'être utilisée, seule, pour toutes les allures requises en cours de navigation, est très précieuse, surtout pour les navires de guerre, malgré la complication qui résulte de l'agencement de tous ces obturateurs ; mais c'est seulement pour les navires de guerre qu'ils sont utiles, cette classe de navires marchant le plus souvent à des allures variées.

Lorsqu'il s'agit de paquebots ou de toute autre classe de navires à vitesse de route régulière, on se dispense de l'installation coûteuse des soupapes et des registres, et, lorsqu'on a besoin accidentellement de marcher à différentes allures, comme par exemple quand on manœuvre à la sortie d'un port, on se sert de la valve principale d'admission.

Les sections de passage des aubes doivent être, bien entendu, proportionnelles à l'augmentation de volume que prend la vapeur ; elles devront donc croître non seulement d'une roue à l'autre, mais encore, pour chaque roue, de la première à la dernière couronne d'aubes, car dans son passage à travers ces couronnes la vitesse de la vapeur diminue graduellement du fait de l'absorption continue de son énergie cinétique ; il en résulte donc une augmentation de volume qui doit être compensée par l'agrandissement progressif des sections d'aubages. On y pourvoit par un allongement croissant des aubes.

Comme on le sait, dans toute turbine d'impulsion, les angles d'entrée et de sortie des aubes sont fixés par la direction de la vitesse relative de la vapeur à l'entrée et à la sortie qui, dans ce cas, est la même ; pour une même couronne, lesdits angles seront donc égaux ; mais, la vitesse de la vapeur diminuant d'une couronne à l'autre, les angles d'entrée et de sortie augmenteront progressivement jusqu'à la dernière couronne.

La turbine que nous venons de décrire est la représentation de celle qui doit être fournie pour le croiseur américain *Salem*, actuellement en achèvement.

Il résulte des renseignements fournis par M. Curtis, en janvier 1906, à la Société américaine des Architectes navals, qu'une turbine analogue a été appliquée sur le paquebot *Créole*, de la *Southern Pacific C°*. La puissance à développer est de 8.000 chevaux, à 275 tours environ, avec deux turbines symétriques conduisant deux hélices ; chaque turbine possède sept échelons pour la marche avant, et deux échelons pour la marche arrière ; la puissance de la turbine marche arrière doit être moitié de la puissance totale, soit 4.000 chevaux ; le diamètre de chaque turbine est de $3^m,30$, et la longueur de $4^m,20$; leur poids total doit être moitié moindre que celui de la machine à piston dont les deux turbines prennent la place ; le paquebot déplace 10.000 tonneaux, à un tirant d'eau de $7^m,60$, et la vitesse doit être de 16 nœuds.

La nouvelle torpille américaine *Bliss*, d'un diamètre de $0^m,530$, est actionnée par une turbine Curtis, développant 160 chevaux, à l'allure de 10.000 tours, réduite à 900 aux deux hélices. Cette turbine est du modèle à deux roues placées, probablement, dans deux compartiments : la première a un diamètre de $0^m,290$, et la seconde de $0^m,300$, ce qui donne à 10.000 tours une vitesse linéaire de cette dernière allant à 157 mètres. Cette vitesse n'est d'ailleurs pas rare dans les nombreuses turbines Curtis qui actionnent, à terre, des groupes électriques.

Nous n'avons rien dit du jeu qui doit, nécessairement, exister entre les différentes couronnes d'aubes fixes et d'aubes mobiles, faute de renseignements précis. S'il fallait s'en rapporter à ceux que nous avons recueillis, ce jeu serait d'environ 2 millimètres. Nous doutons que les turbines du *Salem* s'en contentent, malgré la présence du palier de butée ; car le moindre fouettement l'aura bientôt absorbé. Il est plutôt probable que ce jeu approche de 5 millimètres.

Ce que nous connaissons de la turbine marine Curtis nous laisse supposer que, toutes choses égales, son prix de revient doit être très supérieur à celui de la turbine Parsons.

Elle présente une complication et des difficultés d'exécution qu'on ne rencontre pas dans celle-ci. D'autre part, avec la forme horizontale qu'il a fallu lui donner pour la rendre applicable à la navigation et malgré le diamètre énorme donné à l'arbre, un contact peut s'établir en marche entre le moyeu des roues et la douille du diaphragme dans lequel il tourne, et il ne faut pas oublier que cette partie n'est lubrifiée que par la vapeur. D'un autre côté, une trop grande liberté autour des moyeux constituerait une fuite de vapeur directe qui diminuerait le rendement.

Quoi qu'il en soit, cette turbine est très étudiée au point de vue des besoins de la Marine, et les essais qui vont avoir lieu, comparativement avec la turbine Parsons, aux États-Unis et en Allemagne, seront très intéressants à suivre.

Turbine marine Parsons. — La turbine Parsons, dont nous parlerons exclusivement dans ce qui suit, consiste en une enveloppe cylindrique renfermant un grand nombre de couronnes en saillie portant les ailettes de distribution. Sur l'arbre de la turbine sont calés les disques portant à leur périphérie les augets récepteurs; les disques viennent s'insérer entre les couronnes de distribution. La vapeur s'écoule ainsi des ailettes de distribution fixes aux ailettes de réception mobiles, d'un bout à l'autre de l'appareil; l'une des extrémités est en communication avec la chaudière, l'autre avec le condenseur.

Cette action de la vapeur qui circule d'un système d'ailettes à l'autre, suivant un chemin sensiblement parallèle à l'arbre, a fait donner à cette turbine le nom de turbine à courant parallèle, par opposition aux turbines à impulsion, qui sont tangentielles.

Circulation de la vapeur à travers les augets. — La vapeur ayant traversé le premier rang d'ailettes mobiles, le rotor a tourné d'un certain angle, en traversant un nouveau guide; le même filet de vapeur passe de la position primitive à une position décalée, et ainsi de suite, de sorte que le chemin

suivant lequel la vapeur circule dans la turbine est un circuit
en zigzag, dont l'allure générale est parallèle à l'axe.

Par suite de la détente graduelle de la vapeur au fur et à
mesure qu'elle traverse les aubages, sa vitesse s'accroît, et,
comme il faut conserver le même rapport constant entre la
vitesse de la vapeur et la vitesse tangentielle du rotor, on est
conduit à augmenter la longueur et l'écartement des augets.

Accroissement de volume de la vapeur. — Cette augmentation de la section de passage offerte à la vapeur coïncide
également avec l'augmentation de volume de celle-ci, à mesure
que sa pression diminue. La forme et l'incurvation des ailettes
elles-mêmes varient, les ailettes étant faites plus plates à
l'avant qu'à l'arrière. Il faut, en outre, prévoir un jeu suffisant pour la libre dilatation du métal des ailettes, de sorte que
l'espace minimum ménagé entre le rotor et les parties fixes de
l'appareil varie d'un bout à l'autre de la turbine parallèlement
à la température de la vapeur aux différents points. L'une des
plus grosses difficultés de construction des turbines est précisément le choix du jeu pour la dilatation, mais sans excès,
qui affecterait le rendement de la turbine.

Rigoureusement, la chute de pression étant graduelle, il
conviendrait de faire les ailettes de chaque disque plus espacées que les ailettes du disque précédent ; en réalité, pour ne
pas compliquer trop la construction, on accroît les sections
seulement par groupes de disques, ce qui donne des résultats
suffisamment satisfaisants.

Hauteur théorique des ailettes. — Le diagramme ci-joint
montre comment la hauteur des ailettes devrait varier si l'on
voulait suivre exactement la loi de détente adiabatique, suivant
laquelle la turbine est supposée fonctionner.

A mesure que la pression diminue, le volume augmente,
de sorte que, à égalité d'espacement, chaque série d'ailettes
devrait être légèrement plus haute que la précédente. En pratique, on groupe comme nous venons de le dire, plusieurs

Diagramme indiquant la hauteur théorique des ailettes par rapport à l'expansion de la vapeur.

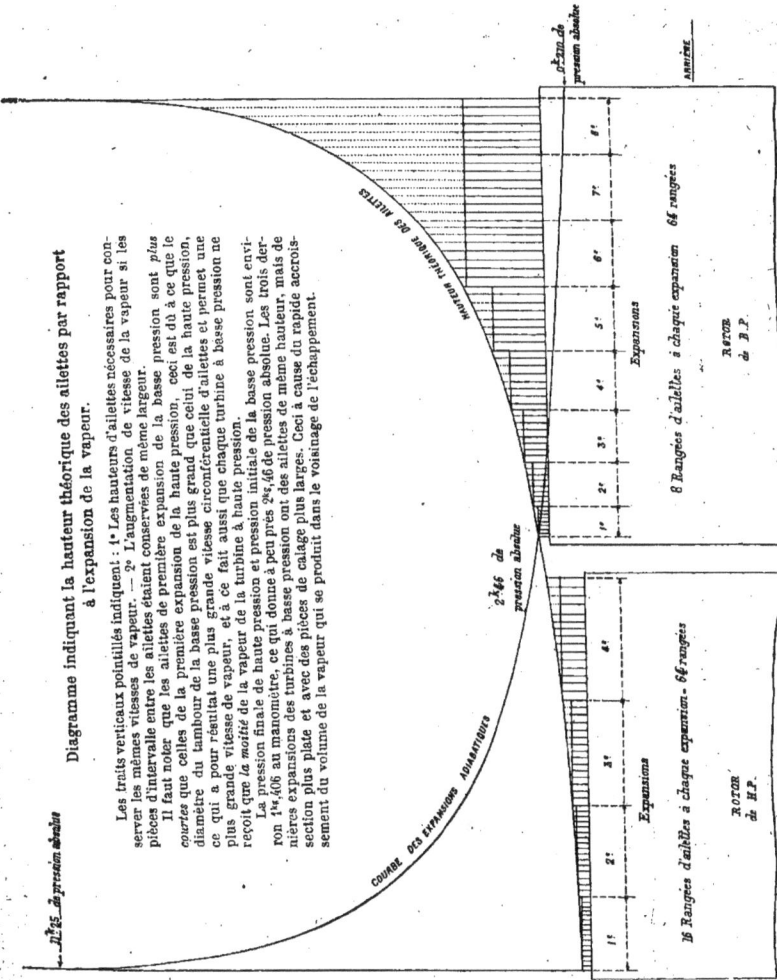

Les traits verticaux pointillés indiquent : 1° Les hauteurs d'ailettes nécessaires pour conserver les mêmes vitesses de vapeur. — 2° L'augmentation de vitesse de la vapeur si les pièces d'intervalle entre les ailettes étaient conservées de même largeur.

Il faut noter que les ailettes de première expansion de la basse pression sont *plus courtes* que celles de la première expansion de la haute pression, ceci est dû à ce que le diamètre du tambour de la basse pression est plus grand que celui de la haute pression, ce qui a pour résultat une plus grande vitesse circonférentielle d'ailettes et permet une plus grande vitesse de vapeur, et à ce fait aussi que chaque turbine à basse pression ne reçoit que *la moitié* de la vapeur de la turbine à haute pression.

La pression finale de haute pression et pression initiale de la basse pression sont environ 1ᵏ,406 au manomètre, ce qui donne à peu près 2ᵏ,46 de pression absolue. Les trois dernières expansions des turbines à basse pression ont des ailettes de même hauteur, mais de section plus plate et avec des pièces de calage plus larges. Ceci à cause du rapide accroissement du volume de la vapeur qui se produit dans le voisinage de l'échappement.

3

séries ensemble, et on échelonne le nombre total des disques en séries de hauteur croissante.

Les lignes pleines horizontales montrent comment cet échelonnement est usuellement pratiqué en pratique; les 6ᵉ, 7ᵉ et 8ᵉ expansions de la turbine basse pression sont conservées de même hauteur; mais l'angle de courbure et l'espacement périphérique sont différents, la forme étant plus plate et l'écartement plus grand pour les disques de la 7ᵉ et de la 8ᵉ expansion.

On remarquera également que les ailettes de la 1ʳᵉ expansion de la basse pression sont plus courtes que celles de la dernière expansion de la haute pression; cela tient à ce que le diamètre du groupe basse pression est plus grand que celui du groupe haute pression; la vitesse circonférentielle y est donc plus grande, et l'on conserve par ce moyen la constance du rapport entre les vitesses de vapeur et du rotor. Il existe encore une raison : c'est que, dans les installations à trois arbres, les plus usitées jusqu'ici, on dispose deux turbines basse pression pour une seule haute pression; chaque basse pression ne reçoit, par suite, que la moitié de la vapeur totale.

On observera enfin que le nombre des ailettes est le même pour les turbines basse pression et haute pression, la haute pression ayant deux fois moins d'expansions que la basse pression; cela revient à dire que les ailettes y sont deux fois plus nombreuses par expansion.

Vitesse périphérique. — Cette vitesse est prise arbitrairement. On la choisit habituellement, avons-nous dit, égale à 0,4 ou 0,5 de la vitesse de la vapeur; si celle-ci est, par exemple, de 90 m. : s., on prendra comme vitesse périphérique des ailettes au cercle moyen le chiffre 45 m. : s.

Ceci détermine le nombre de tours si l'on se fixe le diamètre du rotor, ou bien le diamètre si on se fixe le nombre de tours.

Diamètre du tambour. — Un exemple fait ressortir la

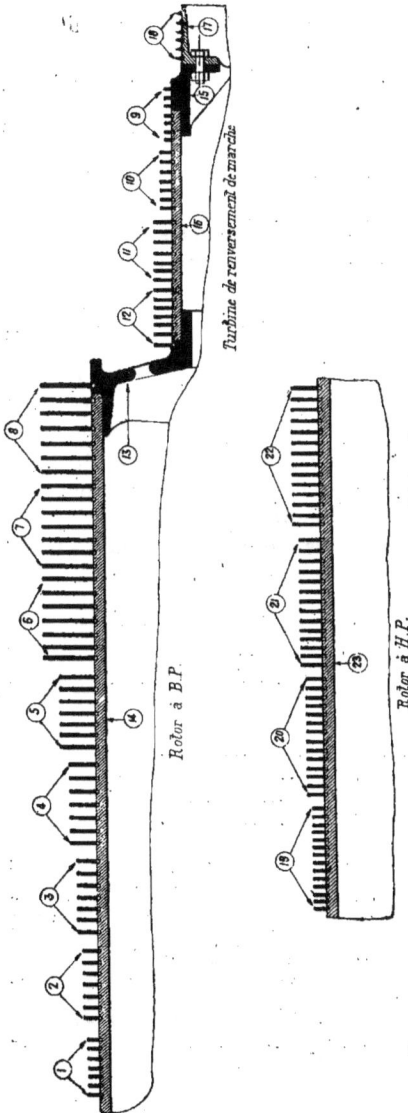

Rotor à B.P.

Turbine de renversement de marche

Rotor à H.P.

Croquis indiquant le nombre de rangées d'ailettes et leur hauteur relative.

Cette turbine contient cinquante-six rangées d'ailettes pour chaque tambour. Soit sept rangées pour chacune des huit expansions de la basse pression et quatorze pour chacune des quatre expansions de la haute pression. Le tambour de renversement de marche a quatre expansions, chacune de sept rangées.

NOTA. — Les enveloppes contiennent le même nombre de rangées d'ailettes que les tambours.

Ces turbines sont celles d'un vapeur d'environ 6.000 chevaux de puissance, de 20 nœuds de vitesse avec 500 tours.

Tambour de basse pression : 1, 2, 3, 4, 5, 6, 7, 8, sont les 1re, 2e, 3e, 4e, 5e, 6e, 7e et 8e expansions. — Tambour de renversement de marche :
9, 10, 11, 12, sont liés 1re, 2e, 3e et 4e expansions de tambour.

13, moyen du tambour. — 14, tambour ou rotor. — 15, moyen. — 16, tambour de renversement de marche. — 17, labyrinthe de la turbine de marche arrière. — 18, ailettes de cet appareil.

grande différence des diamètres auxquels on est conduit selon le nombre de tours auquel on s'arrête.

Avec une vitesse d'écoulement de 6.400 mètres par minute, un rapport de vitesses de $\frac{1}{2}$, et un nombre de tours par minute de 600, le diamètre moyen du rotor (à mi-hauteur des ailettes) est de $1^m,697$.

Dans les mêmes conditions générales, mais un nombre de tours de 200 seulement, le diamètre moyen du rotor devrait être porté à $5^m,095$.

Vitesse effective des ailettes. — Nous avons expliqué plus haut pourquoi la hauteur des ailettes devait être augmentée à mesure que la vapeur se détend dans la turbine; il en résulte, comme nous avons vu, des diamètres croissant depuis le côté de l'admission jusqu'à celui de l'échappement.

La vitesse périphérique effective des ailettes est donc plus grande à l'arrière de la turbine qu'à l'avant.

Un exemple numérique nous fera voir dans quelles limites se produit cette variation de la vitesse tangentielle.

Exemple. — Calculer les vitesses respectives des ailettes pour chacune des quatre expansions d'une turbine haute pression, dont les hauteurs d'ailettes ont été déterminées comme suit :

	millimètres
1re expansion	27
2e —	35
3e —	48
4e —	63

Le diamètre du tambour sur lequel sont rapportées les ailettes étant uniformément de $1^m,066$, les diamètres moyens seront : respectivement de $1^m,093$ à la 1re expansion, de $1^m,101$ à la 2e, de $1^m,114$ à la 3e, et de $1^m,129$ à la 4e.

On trouve alors que les vitesses périphériques correspondantes sont $33^m,40$, $34^m,50$, $35^m,00$ et $35^m,45$ par seconde.

Si l'on tient compte, d'autre part, que la vitesse d'écoulement de la vapeur augmente à mesure que se produit la détente, on voit que le rapport de la vitesse de la vapeur à celle des ailettes tend à se maintenir constant d'un bout à l'autre de la turbine, ce qui est une condition de bon rendement.

De ce qui précède il résulte que l'on devra proportionner la hauteur des ailettes pour conserver la constance du rapport choisi, et leur forme et écartement pour ménager à la vapeur détendue une section suffisante.

Chute de pression et accroissement de vitesse de la vapeur par élément. — Entre chaque paire d'éléments ou rangées d'ailettes, la vapeur en se détendant perd une certaine fraction de pression : dans les turbines haute pression, cette perte est en moyenne de 0^{ks},138 par élément. Dans les turbines basse pression, elle est de 0^{ks},0376 environ.

A mesure que la pression baisse, le volume et la vitesse d'écoulement de la vapeur vont en augmentant. Le tableau ci-après montre comment varie le volume de la vapeur suivant la pression.

PRESSION ABSOLUE	VOLUME D'UN KILOG. de vapeur
kilogrammes	mètres cubes
14,765	0,135
13,316	0,143
11,950	0,158
10,595	0,178
9,244	0,203
7,883	0,236
6,473	0,282
5,113	0,353
3,551	0,474
2,181	0,626
1,021	1,613
0,680	2,364
0,541	2,916
0,408	3,823
0,272	5,600
0,136	10,754

Comme l'on peut voir 1 kilogramme, de vapeur à $14^{kg},76$ de pression occupe un volume de $0^{m3},135$, et 1 kilogramme à $0^{kg},136$ occupe un volume de $10^{m3},754$.

Choix de la chute de pression par élément. — En résumé, le choix de la chute de pression par élément possède au point de vue pratique, pour un diamètre de rotor et un rendement déterminés, les influences suivantes :

1° Une faible chute de pression par élément produit une faible vitesse d'écoulement de la vapeur, ce qui correspond à une faible vitesse de rotation et exige un grand nombre d'éléments pour absorber l'énergie cinétique développée ;

2° Une chute de pression élevée par élément produit une vitesse de vapeur élevée, une vitesse de rotation également élevée et un nombre réduit d'éléments pour absorber l'énergie développée.

Nous ajouterons que, dans le premier cas, la vitesse de rotation peut être réduite, si l'on augmente le diamètre du rotor, car alors on conserve constant le rapport entre la vitesse d'écoulement et la vitesse périphérique, ce que nous savons être le critérium du rendement.

Aussi la rapide augmentation du volume de la vapeur dans les turbines à basse pression a conduit à des hauteurs, écartements et formes des ailettes qui compliquent beaucoup la construction de ces turbines.

PARTIE II

DÉTAILS PRATIQUES DE CONSTRUCTION
ET D'INSTALLATION DES TURBINES PARSONS

I

ORGANES DE LA TURBINE

Nous passerons en revue successivement dans ce chapitre le mode de construction des différents organes constitutifs de la turbine.

Tambours et enveloppes. — Les ailettes ne sont pas fixées directement sur l'arbre, mais rapportées sur un tambour creux calé sur l'arbre, qui se termine à chaque extrémité par un moyeu ; c'est au moyeu arrière que vient se fixer l'arbre porte-hélice.

La construction du tambour ou manchon porte-ailettes, qui est la pièce essentielle de la turbine, a déjà subi une évolution : on le tirait au début en creusant à froid dans un lingot d'acier massif : procédé des plus coûteux. Il fut vite reconnu que les manchons forgés présentaient une égale sécurité, et c'est le procédé le plus généralement usité aujourd'hui. Récemment enfin, on a tenté de substituer au corps forgé creux des manchons en tôle extra-douce, type chaudière, emboutis et rivetés. L'extrême légèreté n'est pas à rechercher outre mesure, car le poids du tambour remplit un office régulateur par sa propre inertie, ce qui n'est pas à dédaigner.

L'enveloppe est constituée par deux moitiés cylindriques venues de fonte, à l'intérieur desquelles sont fixées les couronnes portant les ailettes fixes ou guides. Le jeu laissé respectivement entre les couronnes fixes et le tambour, comme entre les ailettes mobiles et l'enveloppe, est de 1/2 millimètre environ. Les figures ci-jointes montrent ce jeu par une coupe transversale dans la turbine.

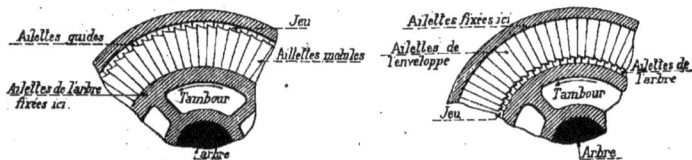

Ailetage du rotor (mobile).   Ailetage de l'enveloppe (fixe).

Le tambour est de même diamètre d'un bout à l'autre de la turbine ; seules les ailettes augmentent de hauteur à mesure que l'on avance vers l'arrière ; cette augmentation du diamètre n'est pas, comme nous avons vu, progressive, mais s'opère par échelons, le diamètre interne de l'enveloppe étant accru suivant la même proportion.

Le fonctionnement économique de la turbine dépend de la valeur du jeu dont il vient d'être question, ce qui est assez concevable, car sans cela la vapeur fuirait par ces points sans se détendre dans les ailettes. C'est pour cette raison que le problème des fuites présente dans les turbines une importance plus grande que dans les machines à piston, et qu'on s'attache à les réduire le plus possible.

Ailettes. — Les augets ou ailettes des couronnes fixes et mobiles sont faits en bronze ou en laiton. Leur fixation s'effectue par encastrement dans des rainures du tambour ou de l'enveloppe, et serrage au moyen d'une pièce de calage également en laiton forcée par matage entre chaque paire de couronnes. L'arête la plus effilée est tournée du côté de l'échappement, et l'ailette est fixée inclinée sur les génératrices du tambour ; bien entendu, l'inclinaison des ailettes fixes est

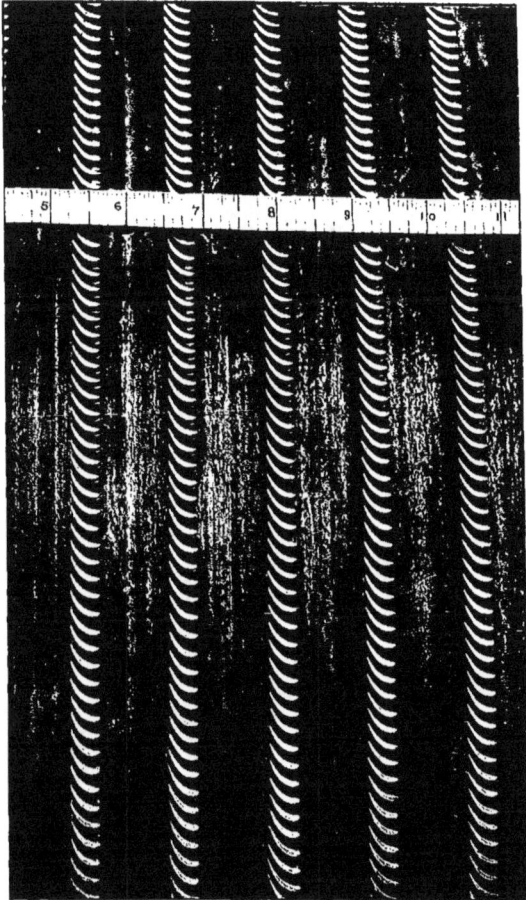

Vue, par en-dessus, de l'ailetage d'un rotor.

(Page 40 *bis*.)

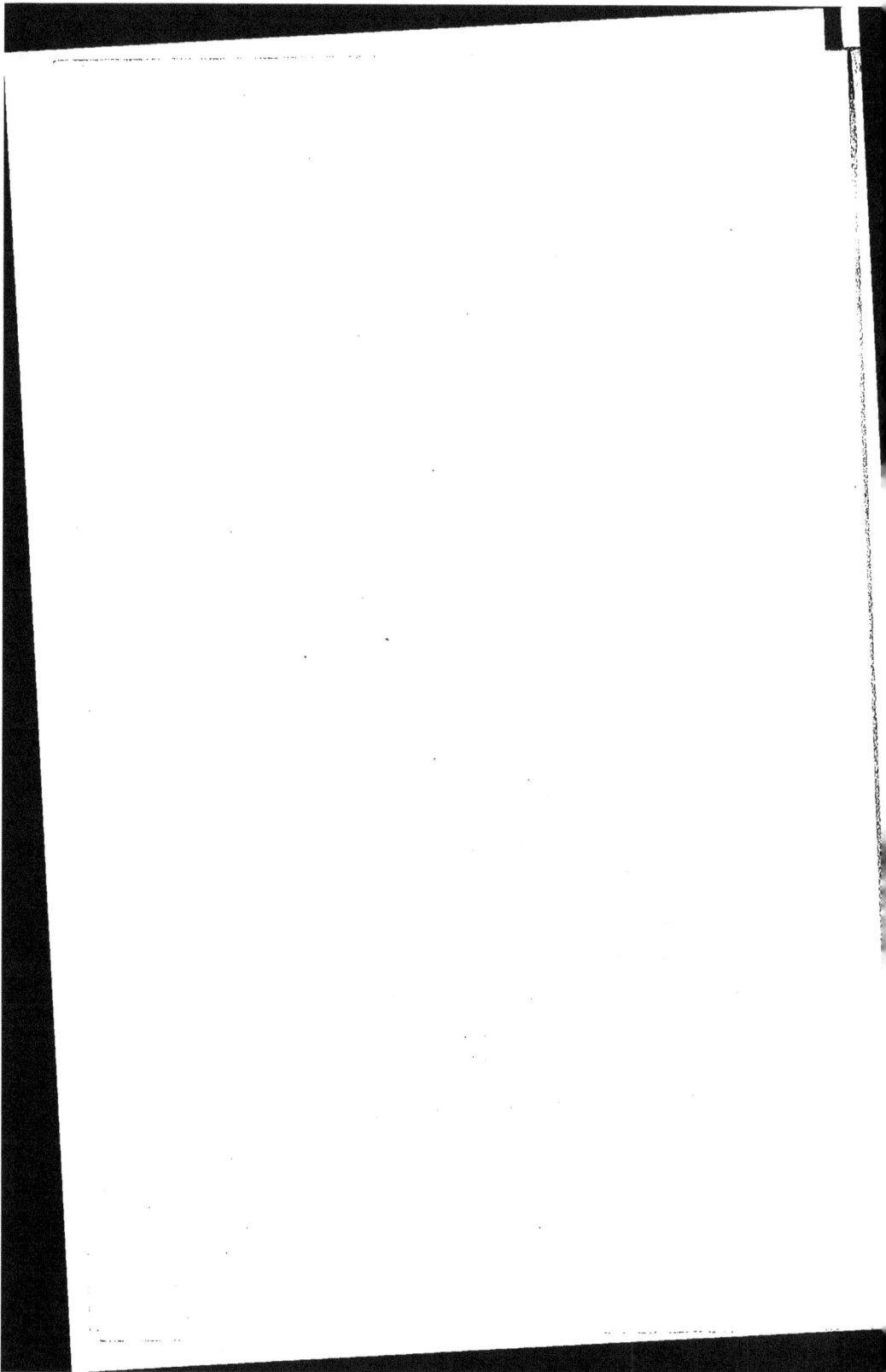

opposée et symétrique par rapport à celle des ailettes mobiles. La figure ci-jointe représente les différents modèles d'ailettes d'une même turbine (H. P., B. P. et marche arrière). Elle est suffisamment explicite en ce qui concerne le mode de montage des ailettes dont il est parlé d'ailleurs en détail plus loin. La photographie montre également de façon limpide la dis-

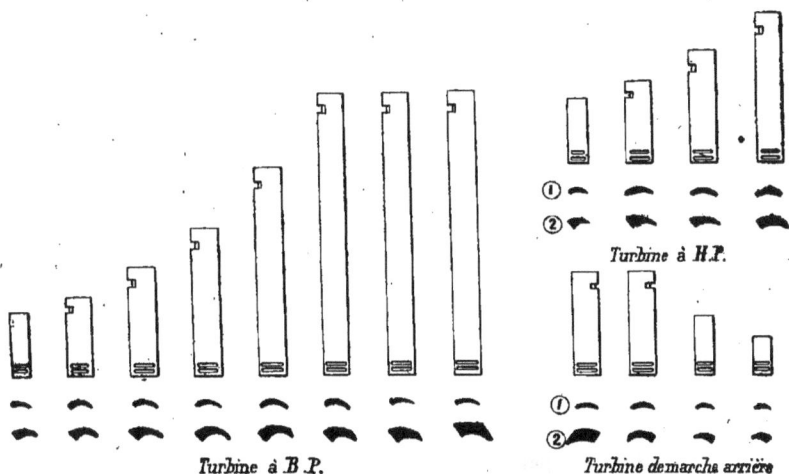

Turbine à H.P.

Turbine à B.P.   Turbine de marche arrière

Différentes dimensions respectives des ailettes d'une même turbine.

(1) Section des ailettes. — (2) Section des pièces de calage.

position des ailettes sur le tambour ; la règle (graduée en pouces de 25^{mn},4) permet de se faire une idée exacte des dimensions réelles.

Proportionnement et travail des ailettes. — Nous ne pouvons mieux faire sur ce sujet que de reproduire le passage ci-après du mémoire de M. Speakman, particulièrement documenté, lu en 1905 à l'*Institution of Engineers and Shipbuilders of Scotland :*

Il est intéressant de considérer le mode d'action de la vapeur traversant les ailettes. En se détendant dans des conditions définies de température et de pression, la vapeur développe la même quantité d'énergie utilisable, qu'elle se détende à travers un ajutage ou derrière un piston. Dans la turbine, deux transformations d'énergie prennent place : 1° d'énergie thermique en énergie cinétique ; d'énergie cinétique en énergie mécanique ou travail. C'est par ce second point seulement que la turbine à vapeur se rapproche de la turbine hydraulique, la différence radicale entre les deux provenant de ce que l'eau ne change pas de volume, alors que celui de la vapeur s'accroît considérablement à mesure que la détente s'avance. La figure ci-jointe montre la section transversale d'une turbine marine à haute pression. L'expansion sensiblement adiabatique se fait dans la chambre annulaire, de A à B, qu'on peut assimiler, dans une certaine mesure, à un ajutage divergent, à cette différence près cependant que, dans un tel ajutage, la vapeur travaille uniquement sur elle-même pour produire une grande vitesse de sortie, alors que, dans la turbine Parsons, la détente est fractionnée en échelons successifs à chacun desquels on conserve une relation constante entre le jet et l'aubage. L'expansion de la vapeur suit ainsi la même loi à travers l'un quelconque des échelons.

Les fuites de vapeur qui ont une si grande importance sont évitées entre l'enveloppe et le tambour, à l'admission, par le moyen du joint très ingénieux que nous reproduisons à plus grande échelle plus loin. Il est constitué par une série de bagues et collets disposés de façon telle qu'à un étranglement très considérable suive un espace annulaire relativement très considérable. La vapeur subit ainsi des alternatives de laminage et de détente brusque qui assurent au joint une étanchéité parfaite. Le même principe a été appliqué sous forme radiale pour le joint des turbines de marche arrière où, de plus, il faut tenir compte de la différence de dilatation entre l'enveloppe et le tambour.

Les lois qui gouvernent la détermination de la meilleure forme à donner aux aubages sont les mêmes que pour les turbines hydrauliques : dans les deux cas, il s'agit d'utiliser le

Vue du rotor d'une turbine Parsons, en place dans son enveloppe, la moitié supérieure de celle-ci étant enlevée.

(Page 42 *bis*.)

Coupe verticale d'une turbine marine à H.P.

Poussée de la vapeur
Poussée de l'hélice

B. Échappement

Admission de vapeur

Section transversale d'une turbine marine à haute pression.

Coupe à travers les ailettages, montrant le proportionnement des ailettes, le mode d'action de la vapeur et la composition des vitesses.

mieux possible l'énergie cinétique du fluide, en d'autres termes
d'établir un profil utilisant le mieux la vitesse du fluide. Dans
une turbine à impulsion, les conditions idéales sont atteintes
lorsque la vitesse périphérique est égale à la moitié de la vitesse
du jet ; dans les turbines à réaction, lorsqu'elle est égale à cette
vitesse.

Différents modèles de turbines Parsons ont été construits
avec des rapports de vitesses variant entre 0,25 et 0,85. Le
rapport qui fournit les meilleurs résultats pour les turbo-
alternateurs est de 0,6, mais il conduit à un nombre d'éléments
trop considérable pour les turbines marines où l'on est limité,
et le rapport doit être diminué.

Le choix de la dimension et le meilleur arrangement des
ailettes ne peuvent être évidemment dans ces conditions que la
résultante de beaucoup de théorie et de beaucoup de pratique.
Le diamètre moyen périphérique est une dimension arbitraire
qui peut varier dans de grandes limites sans affecter le rendement, pourvu que le nombre des éléments soit convenable.

Pratiquement, on part de la vitesse périphérique, et l'on
détermine le diamètre moyen par la relation :

$$D = \frac{\text{Nombre de tours} \times \pi}{V_t \times 60} ;$$

pour déterminer ensuite le nombre des éléments, le diamètre étant connu, on se pose la dépense de calories nécessaire pour obtenir dans chaque élément la vitesse de vapeur
voulue. Connaissant la quantité totale d'énergie dont on
dispose et la quantité d'énergie qu'on dépensera dans chaque
élément, le nombre de ceux-ci sera déterminé par le rapport
des deux valeurs.

La vitesse périphérique adoptée en pratique est des plus
variables : on a commencé avec 30 m. : s., puis peu à peu on
a augmenté cette vitesse ; on n'a guère osé jusqu'ici dépasser
115 m. : s. Ce chiffre maximum est adopté pour les turbines
électriques ; pour les turbines marines il est inférieur, le
minimum de ce que l'on a adopté étant de 35 m. : s.

La vitesse d'ailettes est gouvernée, dans une certaine mesure, par la hauteur des ailettes; il ne faut pas en effet que cette hauteur soit inférieure à 3 0/0 du diamètre moyen, afin de diminuer l'importance des effets nuisibles des fuites. Ces fuites sont moins nuisibles par la perte de vapeur qu'elles occasionnent, que par la surchauffe qu'elles provoquent dans l'élément voisin, surchauffe qui bouleverse les conditions de détente et, par suite, rend défectueuse l'utilisation de l'aubage qui avait été calculé pour des bases différentes.

La table ci-après donne les vitesses périphériques adoptées pour les turbines convenant à différents types de bâtiments. La réduction de la vitesse périphérique qu'entraîne la réduction du nombre de tours de l'hélice, et la modification dans la hauteur des aubages et le diamètre du tambour qui en résultent sont suffisamment marquées sur le tableau pour nous dispenser d'insister.

C'est cette raison qui limite d'ailleurs les applications les plus favorables de la turbine aux bâtiments les plus rapides; dans les cas de marche lente on serait en effet conduit à des hauteurs d'aubage absolument inadmissibles.

TYPES DE NAVIRES	VITESSE PÉRIPHÉRIQUE moyenne en mètres par seconde		RAPPORT moyen de V_t à V_s	NOMBRE d'arbres
	H. P.	B. P.		
	mètres	mètres		
Paquebots à grande vitesse	21,336-24,384	33,523-39,624	0,45-0,50	4
Navires de vitesses intermédiaires...........	24,384-27,432	33,523-48,148	0,47-0,50	3 ou 4
Vapeurs pour le service du Pas-de-Calais........	27,432-31,572	35,576-45,720	0,37-0,47	3
Cuirassés et grands croiseurs................	25,908-30,480	35,052-41,148	0,48-0,52	4
Petits croiseurs	31,572-36,576	39,524-48,768	0,47-0,50	3 ou 4
Torpilleurs.............	33,523-39,624	48,768-44,003	0,47-0,51	3 ou 4

M. Parsons a également exposé, à propos de la discussion

d'un de ses mémoires sur la turbine marine, les considérations qu'on doit observer pour la détermination des proportions.

Les deux premiers points sont le nombre de tours et le
diamètre. Un correctif pratique doit d'ailleurs être apporté aux
résultats qu'indique le calcul. C'est ainsi qu'en augmentant le
nombre de tours on est conduit à
adopter un plus grand nombre
d'arbres porte-hélice, ce qui diminue la poussée utile sur le
bateau pour une puissance effective donnée ; si on augmente le
diamètre, on augmente très rapidement le poids et les difficultés
de construction, surtout pour
l'enveloppe.

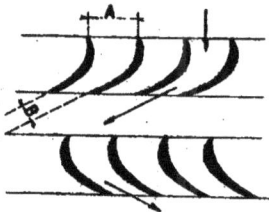

Proportionnement des ailettes.

De façon générale, il est préférable de chercher à augmenter
le nombre de tours plutôt que le diamètre, ou encore le frac-
tionnement de la détente en un plus grand nombre d'échelons.

Une fois déterminés le nombre de tours et le diamètre, on
doit songer au proportionnement des ailettes. Leur hauteur
est déterminée par le volume de la vapeur, la vitesse et le
rapport des sections à l'entrée et à la sortie de l'aubage. Ce
rapport, comme le montre le croquis, est choisi généralement
égal à 3. La section de passage minimum nécessaire étant
évidemment égale au volume divisé par la vitesse, il en résulte
que la hauteur des ailettes est donnée, en tenant compte du
rapport en question, par la relation :

$$H = \frac{\text{Section de passage minimum} \times 3}{\text{Circonférence moyenne}}.$$

Le rapport de cette hauteur d'ailettes au diamètre du tambour
ne doit être ni inférieur à 3 0/0, ni supérieur à 15 0/0 ; dans
le premier cas, l'effet pernicieux des fuites prendrait une trop
grande importance, et dans le second les ailettes fléchiraient
sous l'effet de la poussée motrice, et la divergence radiale des

aubages, qui devraient se correspondre exactement, serait trop prononcée.

Enfin, en ce qui concerne le profil, le facteur le plus important est le rapport choisi entre la vitesse d'écoulement de la vapeur et la vitesse périphérique à la circonférence moyenne. Pour les rapports supérieurs à 0,6, qu'on adopte quelquefois pour les turbines électriques, la forme donnée plus haut pour une turbine marine devrait être modifiée. Le profil général devrait être plus allongé, et l'arête de sortie plus aiguë.

L'écartement longitudinal entre les éléments, qui dépend de la dimension des pièces de calage, et l'écartement circonférentiel des ailettes possède aussi une grande influence, mais l'on ne peut opérer ici que par empirisme, d'après des expériences pratiques.

Le nombre d'expansions. — Il y a ordinairement quatre expansions à la turbine haute pression et huit à celle de basse pression, le nombre total de rangées d'ailettes étant le même dans chaque turbine. C'est ainsi que la turbine haute pression ayant quatre expansions de 16 rangées chacune, chaque turbine basse pression d'une installation à trois arbres aura 8 rangées d'ailettes par expansion. Et, si nous supposons une turbine haute pression ayant quatre expansions de 14 rangées, les turbines basse pression auront 7 rangées à chaque détente. Dans ce dernier cas donc chaque tambour et chaque enveloppe porteront 56 rangées d'ailettes. Ce qui donne, pour la turbine haute pression et pour chaque turbine basse pression, 56 doubles rangées, comprenant chacune une couronne d'ailettes mobiles et une couronne d'ailettes fixes. On désigne chaque double rangée sous le nom de « degré de la détente », de sorte que dans l'appareil considéré nous avons à la turbine haute pression 14 degrés de détente par expansion, et dans les turbines basse pression 7 degrés.

Nombre d'ailettes par couronne. — A chaque expansion successive, l'écartement entre les ailettes augmente graduel-

lement; il y a donc ainsi un nombre d'ailettes moindre par
couronne, de sorte que, si la première expansion contient
100 ailettes, par exemple, la dernière peut n'en contenir que la
moitié.

Le nombre des ailettes par rangée du tambour et de l'enveloppe varie donc, le long de la turbine, et va diminuant de
l'admission à l'échappement.

Fabrication des ailettes. — Les ailettes sont découpées
à la longueur voulue dans une longue tige de section uniforme;
en même temps la machine estampe les encoches dans lesquelles la matière de la pièce de calage sera refoulée lors du
matage. A la partie supérieure, l'ailette est également entail-
lée d'un coup de scie qui servira de logement à la frette liant
les aubages d'un même élément entre eux. Quelquefois, pour
les grandes hauteurs d'ailettes, ce frettage est double.

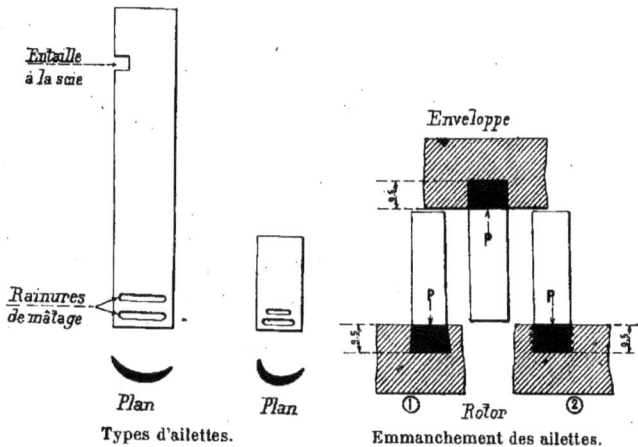

Types d'ailettes.   Emmanchement des ailettes.

Rainures d'emboîtement. — Les rainures d'encastrement
des ailettes pratiquées sur le tambour sont soit à paroi lisse et
profil à queue d'aronde, soit à paroi striée et profil rectangulaire;

la figure montre la différence de ces deux modes d'emboîtement ;
il convient d'ajouter que les cannelures à parois parallèles,
mais à surface striée, sont les plus généralement employées.

L'enveloppe est creusée de semblables cannelures, mais ici,
les couronnes n'ayant à subir aucun effort du fait de leur fixité,
on se contente de cannelures à section rectangulaire lisse.

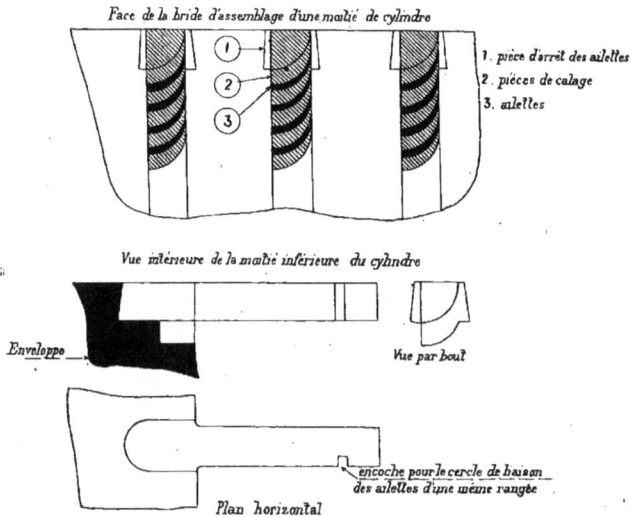

Pièce d'arrêt des ailettes du cylindre.

NOTA. — Ces pièces sont fixées sur la face des brides d'assemblage de chaque moitié
du cylindre, et elles règlent l'angle d'encastrement des ailettes.

Montage des ailettes. — Le montage des ailettes sur le
rotor se fait en insérant d'abord dans une cannelure une pièce
d'arrêt qui servira également de guide pour l'inclinaison des
ailettes ; on vient ensuite poser à la main successivement une
ailette et la pièce d'espacement. Quand un certain nombre
d'ailettes et de fourrures sont ainsi posées, on procède au serrage ou matage au moyen d'un outil frappeur pneumatique
de forme appropriée. Lorsqu'une couronne entière d'ailettes

4

est ainsi posée, on vient fixer et mater de la même manière les pièces de calage latérales, puis on continue par une nouvelle couronne.

Comme l'on voit, ce travail est des plus délicats. Pour chaque dimension d'ailettes, c'est-à-dire pour chaque expansion de la turbine, un jeu d'outils spéciaux de matage est nécessaire.

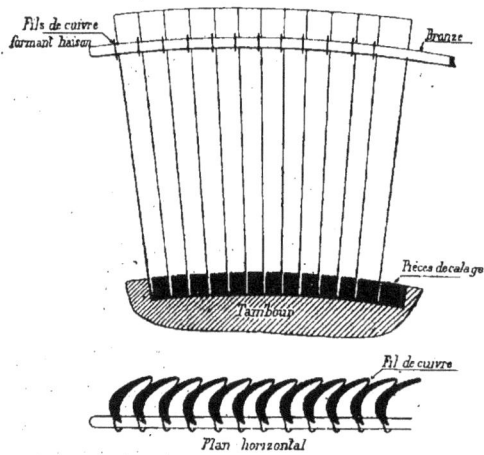

Coupe verticale et plan indiquant le mode de frettage des ailettes).

L'opération ultérieure est le frettage des couronnes au moyen d'un cercle de laiton, de forme carrée généralement, qui vient s'insérer dans l'encoche pratiquée à la partie supérieure des ailettes. L'ailette et la frette sont ensuite soigneusement liées individuellement par une ligature de fil fin en laiton, et le tout brasé à la soudure d'argent. Suivant la hauteur des ailettes, leur rigidité est assurée par une ou plusieurs frettes. Dans les dernières expansions des grosses turbines basse pression des paquebots *Lusitania* et *Mauretania*, on a employé trois frettages de ce genre.

Enfin l'ultime opération consiste à ajuster sur le tour le dia-

Vue d'une turbine haute pression (à l'avant) et d'une turbine basse pression (derrière), les rotors en place, et chapeaux enlevés.

On distingue sur la turbine haute pression les collets du palier de butée et les anneaux du labyrinthe compensateur, ainsi que les quatre expansions de chacune seize éléments. Sur la turbine basse pression on voit les huit expansions de chacune huit éléments, et la turbine de marche arrière, qui comprend quatre expansions de chacune dix éléments.

(Page 50 *bis*.)

mètre extérieur des couronnes, qui doit être, avons-nous dit, rigoureux, car le rendement de la turbine dépend dans une grande mesure du jeu entre les couronnes et l'enveloppe. Finalement, le rotor est nettoyé des gouttes de soudure et débris divers, par une chasse d'air comprimé.

Nous donnons ci-après un tableau des dimensions et intervalles particuliers à quelques types d'ailettes les plus courants.

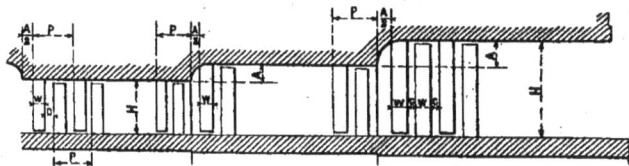

Dimensionnement de l'ailetage
(Figure complémentaire du tableau).

TABLEAU DES DIMENSIONS-TYPES D'AILETAGES

HAUTEUR H	LARGEUR W	DISTANCE d'une rangée à l'ailette P	JEU LONGITUDINAL entre deux ailettes C
millimètres	millimètres	millimètres	millimètres
25,40	9,52	28,57	4,76
50,7	9,52	28,57	4,76
76,0	9,52	31,75	6,35
101,6	12,7	41,27	7,94
152,0	12,7	44,45	9,52
203,0	15,87	53,97	11,11
254,0	15,87	57,15	12,70
305,0	19,05	63,50	12,70
380,0	19,05	66,67	14,28
457,0	25,4	79,37	14,28
533,0	25,4	82,55	15,87
609,0	28,57	92,07	17,46
761,9	31,75	101,60	19,05

Ailetage des couronnes de l'enveloppe. — L'ailetage de l'enveloppe se fait exactement de la même manière que celui du tambour; toutefois, l'enveloppe s'ouvrant en deux moitiés, chaque demi-couronne est munie aux deux extrémités de pièces d'arrêt à poste fixe, matées dans les encoches de l'enveloppe. Les quatre pièces d'arrêt en question se touchent donc deux à deux lorsque l'enveloppe est fermée.

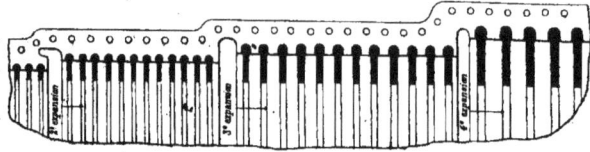

Partie du cylindre-enveloppe indiquant les pièces d'arrêt des ailettes.

Pièces de calage circonférentielles. — Les pièces de calage qui s'insèrent entre deux ailettes et qui, refoulées,

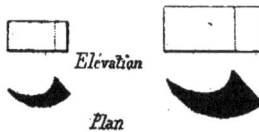

Forme des pièces de calage.

assurent la fixation de celles-ci sont constituées par de petites pièces de laiton de hauteur et section appropriées. La figure ci-contre montre deux types de pièces de calage circonférentielles; les ailettes étant plus ou moins rapprochées suivant l'échelon d'expansion, la pièce de calage est évidemment plus ou moins large. Le profil varie également selon le profil des ailettes à maintenir.

Jeu. — Le jeu circonférentiel entre l'enveloppe et les couronnes mobiles, comme entre les couronnes fixes et le tambour, est de $1^{mm},2$ à l'extrémité de la haute pression, et de $0^{mm},6$ à l'extrémité de la basse pression.

Le jeu longitudinal entre les anneaux fixes et les bagues du labyrinthe compensateur est de $0^{mm},06$ à $0^{mm},75$ du côté de la haute pression et de $0^{mm},01$ du côté de la basse pression.

Il est merveilleux qu'on puisse diminuer à ce point la valeur du jeu dans des machines dont le diamètre est considérable; mais il ne faut pas oublier que les conditions de permanence en sont bien précaires, et que, notamment, le moindre effet de dilatation, tel que l'échauffement inégal des paliers, peut faire frotter des parties essentielles et détériorer la machine.

Jeu et dilatation des ailettes. — Les ailettes les plus grandes étant placées à l'extrémité de la turbine, où sont les pressions les plus basses et la température la moins élevée, sont moins exposées à la chaleur que celles, plus petites, qui sont du côté de l'admission. Leur dilatation est moindre, et l'on peut avoir moins de jeu sans danger pour les extrémités. L'allongement donné par la dilatation à la température du fonctionnement est d'environ $\frac{1}{1.000}$ de la longueur de l'ailette à froid. Cette dilatation naturellement varie avec la température et, par suite, avec la position des ailettes dans la turbine.

Efforts sur les ailettes ; résistance des matériaux employés. — La nature de l'effort auquel doit résister l'ailetage de l'enveloppe est surtout un effort de flexion transversale provenant du choc de la vapeur contre les ailettes. Celui que doit supporter l'ailetage du tambour est surtout l'effort centrifuge qui tend à arracher les ailettes de leur alvéole. C'est pour cette raison que les cannelures du rotor, au lieu d'être faites lisses, sont à stries ou en queue d'aronde.

Au sujet du métal convenable pour les ailettes, M. Speakman, dont nous avons déjà cité le mémoire, dit :

« Les ailettes sont usuellement faites en laiton, contenant, outre une forte proportion de zinc, une petite quantité d'étain (3 0/0). Toutefois, pour les hautes températures, le laiton ne convient nullement ; un bronze à 98 0/0 de cuivre rouge donne toute satisfaction pour les hautes surchauffes. Le meilleur métal pour ailettes employé jusqu'ici, tant au point de vue de la résistance mécanique que de l'aptitude à supporter les températures élevées, est un alliage de 80 0/0 cuivre et 20 0/0 nickel. »

On a essayé en Amérique des ailettes en acier laminé suivant le profil déterminé. Les résultats ont été très satisfaisants, car la surface du métal laminé est moins apte à l'érosion que celle du métal fondu.

Il est probable que, dans un avenir plus ou moins éloigné, on arrivera à perfectionner le mode de montage actuel des ailettes, si délicat. Vraisemblablement on pourra découper les ailettes à la machine spéciale dans des segments de métal[1], et le mode de fixation de ces segments dans les cannelures pourra se faire de façon à la fois plus robuste et plus précise, ce qui permettra de réduire encore le jeu inévitable et les risques d'arrachage des ailettes.

Ce dernier fait s'observe soit à la suite d'un montage défectueux, soit par suite d'un métal de mauvaise qualité, soit par l'effet de dilatations imprévues. Lorsque le rotor est mal cintré ou que l'arbre est insuffisant, donnant un fouettement en marche, il arrive que, par suite du faux rond, les ailettes viennent frotter contre l'enveloppe. Enfin on peut également ranger parmi les causes d'endommagement des couronnes l'usure des paliers et la présence de corps durs étrangers, dans la turbine.

Les vibrations qui amènent une modification du métal peuvent aussi à la longue provoquer une destruction partielle des aubages.

Variation du profil des ailettes. — Nous avons vu que la hauteur et l'espacement des ailettes varient dans le but de ménager à la vapeur un passage suffisant. Dans les turbines à basse pression, où le volume de la vapeur augmente dans des proportions très considérables, il est utile de faire varier, en outre, le profil des aubages pour une même hauteur.

La figure ci-contre montre comment on fait varier le pas et l'inclinaison des ailettes dans le but de ménager à la vapeur un passage croissant. Si, par exemple, le nombre des éléments de la dernière expansion est de 24, on adoptera 8 éléments du

[1]. N. d. T. — Ceci existe d'ores et déjà. Nous avons pu voir en fonctionnement à Lesquin-lez-Lille de fort curieuses machines taillant les aubages des turbines Curtis, dans des segments d'acier.

premier profil, 8 du second, et 8 du troisième. Théoriquement, la variation du pas et de l'inclinaison devrait varier uniformément d'un élément à l'autre; mais le prix de revient de la turbine serait augmenté dans des proportions inacceptables.

Dans quelques cas, on a visé à ce but en rétrécissant après montage, au moyen d'un outil spécial, les orifices de sortie de la vapeur dans les éléments fixes, ce qui augmente uniformément la vitesse d'écoulement; mais ce moyen est insuffisamment précis pour être employé normalement.

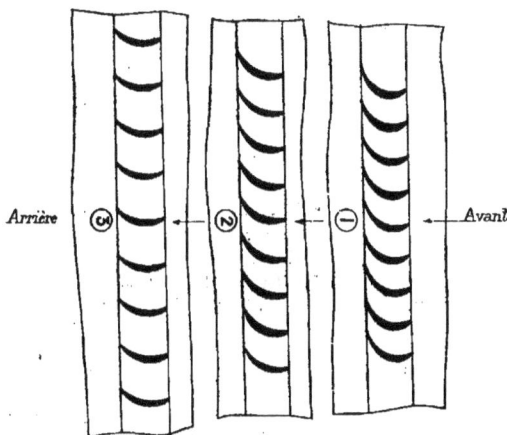

Les variations du pas et de l'angle des ailettes dans les trois dernières expansions d'une turbine à basse pression.
1, Sixième expansion; — 2, Septième expansion; — 3, Huitième expansion.

Type spécial d'ailetage. — La grande firme Willans and Robinsons a introduit dans la pratique un nouveau mode d'ailetage, qui constitue un perfectionnement en ce sens que la main-d'œuvre est diminuée et la fixation des aubages plus robuste.

La figure ci-après montre ce mode de montage; les ailettes, au lieu d'être directement encastrées dans les cannelures, sont préalablement montées sur des segments, lesquels sont

convenablement sertis dans les cannelures. Les entailles pratiquées dans le pied du segment, pour y introduire les aubages,
sont faites à la machine, ce qui assure une équidistance bien
plus régulière qu'à la main.

Ainsi qu'on peut voir, ce mode de fixation supprime les
pièces de calage circonférentielles qui devaient être matées à

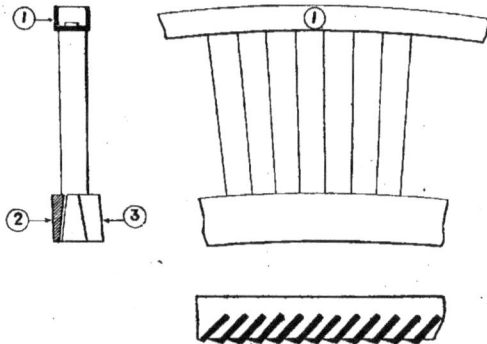

Ailetage Willans and Robinsons.
1, Jante creuse ; — 2, Couronne de calage ;
3, Partie de couronne de calage, à queue d'aronde.

chaque fois, ainsi que les ligatures individuelles nécessaires
dans le dispositif de frettage que nous avons décrit. Ici, le
frettage est constitué par une jante en U rivetée aux ailettes ;
l'ancien frettage n'est plus usité que pour les ailettes de grande
hauteur nécessitant une consolidation intermédiaire.

Ce procédé d'ailetage constitue à coup sûr un perfectionnement sur le procédé classique.

Turbines de marche arrière. — Le renversement de
marche est obtenu sur la turbine même en disposant à la fin
de la turbine du tambour une série d'éléments dont l'inclinaison des aubages est le même que pour la marche avant,
mais le profil contraire, et l'introduction de la vapeur effectuée
par le bout opposé.

Dans les installations marines à trois arbres, les plus courants, les élémentes de marche arrière sont généralement disposés sur les deux turbines de basse pression et dans leur prolongement.

Néanmoins l'intérêt considérable des manœuvres de stoppage et marche arrière, qui doivent être rapidement effectuées dans certains cas d'urgence, a conduit, dans les installations les plus récentes, à accroître beaucoup l'importance des turbines de renversement de marche. C'est ainsi que, dans les installations à quatre turbines, chaque turbine possède son renversement. En fait, un navire à turbines, lancé à toute vitesse, peut être arrêté et mis en marche arrière en moins de temps qu'un navire similaire équipé avec des machines à piston. Nous donnons à ce sujet des indications détaillées dans la troisième partie de cet ouvrage.

Poussée longitudinale. — Dans les turbines à réaction, l'action de la vapeur sur les ailettes produit une poussée longitudinale du rotor. Ce fait, qui est un inconvénient dans les turbines à poste fixe, devient un avantage pour les turbines marines, car il peut être opposé à la poussée de l'hélice, ce qui permet de réduire, dans une proportion sensible, les dimensions du palier de butée.

On conserve toutefois une certaine différence en faveur de la poussée de l'hélice, et dans ce but la surface utile du joint annulaire ou labyrinthe, qui remplace dans les turbines le presse-étoupe classique et qui compense la poussée de tambour, est calculée en conséquence.

Labyrinthe compensateur. — Nous avons déjà mentionné cet intéressant organe, qui remplit dans la turbine Parsons deux rôles : celui de compensateur de la poussée longitudinale due à la vapeur, et celui de presse-étoupe ou plutôt de joint étanche.

Il est constitué, comme l'indique la figure, par une série de bagues pratiquées sur un prolongement du tambour vers l'avant,

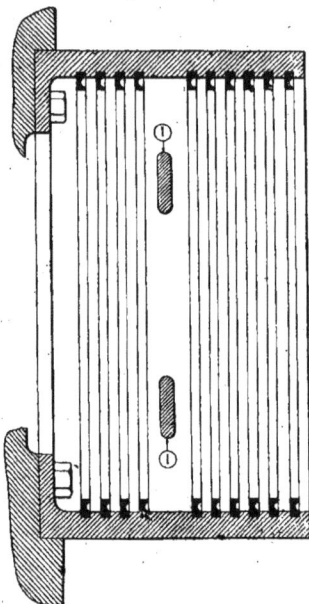

Enveloppe du labyrinthe compensateur (Dummy) de la turbine haute pression.

1-1, Orifices d'échappement.

Nota. — Il y a ordinairement 24 bagues comme celles qui sont indiquées ci-dessus. Ces bagues sont en bronze de 4^{mm},7 et elles sont espacées d'axe en axe d'environ 1/2 pouce (12^{mm},7).

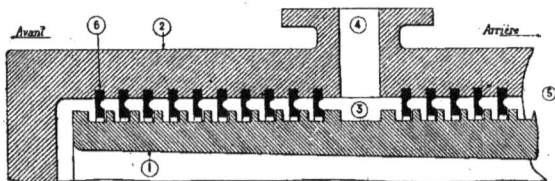

Coupe longitudinale dans le labyrinthe compensateur
(avant de la turbine haute pression).

1, Support des pistons ; — 2, Enveloppe ; — 3, Espace pour l'échappement à la 3e ou à la 4e expansion de la même turbine ; — 4, Tubulure d'échappement ; — 5, Jeu de 0^{mm},76 quand l'appareil est chaud ; — 6, Couronnes taillées, logées dans l'enveloppe.

Nota. — Ces couronnes (il y en a souvent 24) sont en bronze de 5 millimètres et à la distance d'environ 13 millimètres d'axe en axe.

devant lesquelles viennent se placer, sans entrer en contact, des anneaux fixes solidaires de l'enveloppe. Un jeu très minime,

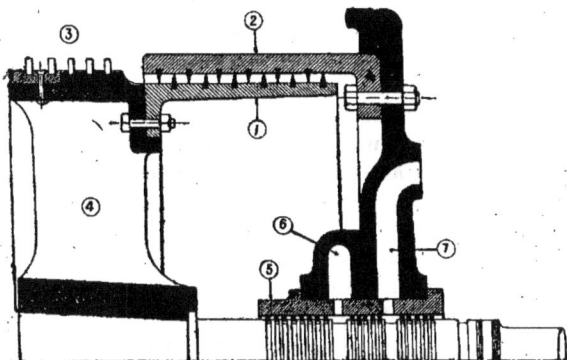

Coupe longitudinale à l'extrémité arrière de la turbine à basse pression.

1, Piston de l'appareil d'étanchéité à l'arrière ; — 2, Enveloppe ; — 3, Première expansion de la marche arrière ; — 4, Moyeu ; — 5, Boîte d'étanchéité de l'arbre ; — 6, Poche intérieure (échappement) ; — 7, Poche extérieure (admission de vapeur).

NOTA. — Les bagues et collets compensateurs, en forme d'ailerons, sont ordinairement distants d'environ 13 millimètres et faits en bronze de 3 millimètres.

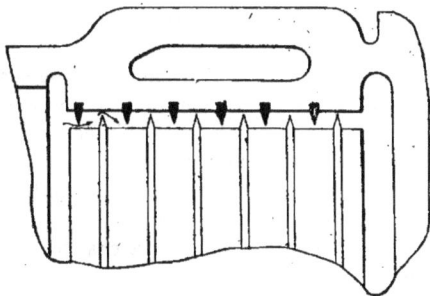

Labyrinthe d'étanchéité de la turbine de marche arrière.
La coupe indique la forme spéciale des bagues.

NOTA. — Les couronnes sont espacées d'environ 25 millimètres l'une de l'autre et sont en bronze d'une épaisseur de 3 millimètres.

dont nous avons donné la valeur plus haut, est ménagé entre les anneaux et les bagues, de telle façon que la vapeur, traver-

sant des alternatives de laminage et de détente brusque,
éprouve une difficulté insurmontable à fuir.

Toute turbine possède évidemment deux joints de ce genre:
un à l'avant, un à l'arrière; leur disposition diffère. Le joint
avant doit faire effet également de compensateur ; aussi
ménage-t-on sur les anneaux une couronne recevant la pression de vapeur à l'admission, dont la surface correspondra
à l'effort de poussée à balancer ; pour cette raison, le joint est
construit comme l'indique la figure, ce dispositif étant appelé
annulaire ou radial.

Le joint arrière, qui assure uniquement l'étanchéité et qui
n'a à faire face qu'à une pression réduite, est construit suivant
le mode de la figure dit axial.

En somme, ces ingénieux organes tendent vers le joint
hydraulique par le fait de la condensation de la vapeur, qui
est détendue par son passage dans les labyrinthes. Dans les
turbines à très haute pression et surchauffe, on assure d'ailleurs
rigoureusement l'étanchéité au moyen d'un joint hydraulique
centrifuge spécial.

Boîtes d'étanchéité. — Ces joints sont constitués, comme
le montrent les figures, par une série de collets ménagés sur le
tourillon, contre lesquels vient s'appliquer une série correspondante de bagues en bronze portant extérieurement contre
un manchon. De la vapeur est admise à l'intérieur du manchon,
forçant les bagues contre le manchon par dilatation, et agissant
comme contre-pression pour empêcher toute fuite, qui aurait
tendance à se produire par les collets.

Un joint de ce genre est disposé à chaque extrémité de
chaque turbine.

La vapeur est admise dans une chambre annulaire extérieure,
d'où elle passe dans les cavités intérieures par des trous prati-
qués dans le manchon, que la première figure montre en élévation, et la seconde en plan ; la pression de vapeur dans la boîte
varie évidemment, suivant la pression interne qu'il s'agit d'équilibrer pour éviter les fuites ; elle est le plus souvent de $0^{kg},07$.

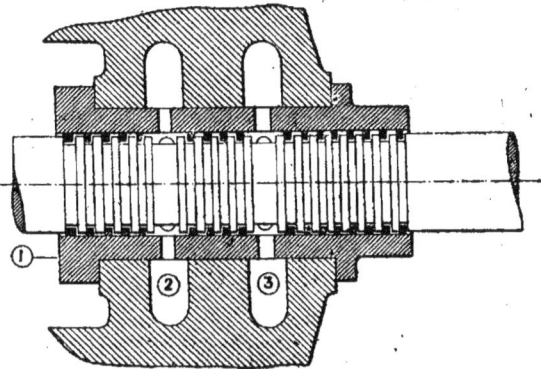

Boîte d'étanchéité.

1, Enveloppe ; — 2, Poche extérieure (admission de vapeur) ; — 3, Poche intérieure
(échappement).

Nota. — La poche extérieure reçoit ordinairement une pression de 0ᵏᵍ,070 à 0ᵏᵍ,140, et la
poche intérieure indique un vide de 0ᵐ,38 ou à peu près. Les petites bagues en bronze
tournent quelquefois avec l'arbre bien qu'elles ne le doivent pas ; il en résulte des
rayures de l'enveloppe et une usure des bagues. Aussi faut-il vérifier comment se fait
le portage des bagues sur les collets de l'arbre.

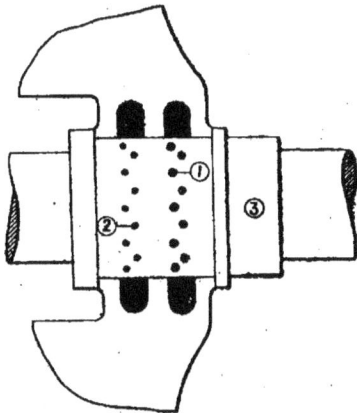

Boîte d'étanchéité (le couvercle enlevé).

1, Échappement ; — 2, Admission de vapeur ; — 3, Enveloppe de la boîte.

Une seconde chambre annulaire, intérieure à celle-ci et percée de trous plus gros, est destinée à recueillir la vapeur qui a pu se faire un passage à travers la première série de collets ; cette vapeur est entraînée par une conduite spéciale à la troisième expansion de la turbine basse pression, où règne un certain vide.

En résumé, dans la première chambre règne un vide qui drainera les fuites qui pourraient se produire, et dans la seconde chambre règne une surpression qui empêche absolument toute sortie ou rentrée. Dans les turbines haute pression, où règne intérieurement une pression supérieure à la pression atmosphérique, elle s'oppose à toute sortie ; dans les turbines basse pression où règne une pression inférieure à la pression atmosphérique, elle s'oppose à toute entrée d'air.

Le rôle des joints d'étanchéité est, en principe, analogue à celui des labyrinthes à cette différence près que les labyrinthes s'opposent aux fuites de vapeur à haute pression, alors que les joints n'ont à travailler que sur de basses pressions.

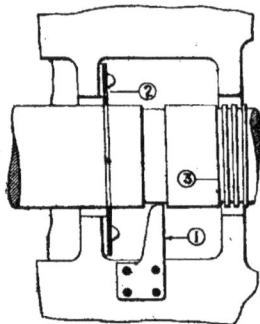

Indicateur du jeu longitudinal.
1, Indicateur ; — 2, Écran destiné à arrêter l'huile du graissage.

Indicateur du jeu longitudinal. — Le très faible jeu qui doit toujours exister entre les bagues et anneaux est indiqué extérieurement au moyen d'un indicateur très simple qu'indique la figure.

Il est constitué par un index fixé au bâti, et qui projette son arête verticale devant l'arête d'une saignée pratiquée sur l'arbre ; l'écartement entre les deux arêtes est mesuré par un moyen quelconque, par exemple un coin gradué.

Après achèvement de la turbine à l'usine, le jeu normal est mesuré rigoureusement au micromètre, et ce jeu devra toujours être conservé. Si l'indicateur décèle une diminution du jeu qui pourrait devenir dangereuse, on procède à un réglage qui se fait par le palier de butée. Nous considérerons le cas plus loin.

Indicateur du jeu circonférentiel. — La connaissance du jeu vertical est peut-être encore plus essentielle, car une dénivellation légère peut provoquer la destruction d'une grande

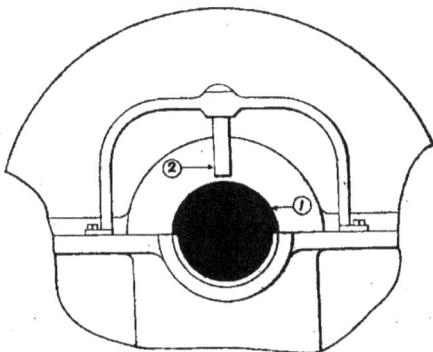

Indicateur du nivellement vertical.
1, Tourillon du tambour; — 2, Tige en acier.

partie des ailettes. L'indicateur employé est double, un appareil étant disposé à chaque extrémité de la turbine.

Il est constitué, comme le montre la figure, par un étrier fixé au bâti et portant, suivant l'axe vertical de l'arbre, une fiche d'acier à base plate s'arrêtant à une distance déterminée de l'arbre.

Cette distance mesure le jeu normal (environ 1 millimètre), qui a été constaté à la sortie de l'usine. On la vérifie de temps en temps par un procédé quelconque, et l'on devra procéder à une vérification de la cause qui tendrait à le faire diminuer, l'usure des paliers le plus généralement.

Construction du rotor. — Nous avons dit que le mot rotor désigne l'ensemble de la partie tournante d'une turbine : tambour, ailetage, moyeus et tourillons.

Le tambour est le plus souvent aujourd'hui en acier forgé creux ; les tourillons sont également en acier forgé. Les moyeux, constitués, comme le montre la figure, d'un bossage central que des bras réunissent à la jante, sont en acier coulé.

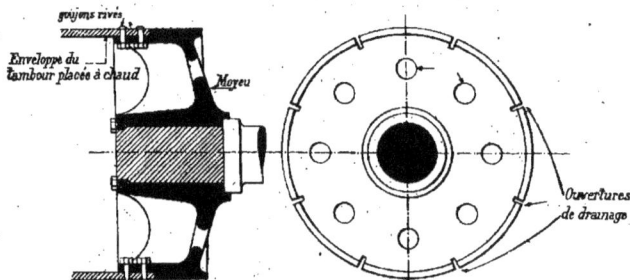

Moyeu du tambour.

Le tambour est emmanché à chaud sur les moyeux et, de plus, fixé par des goujons rivés, visibles sur le dessin ; les moyeux sont de même forcés à chaud sur les tourillons et goujonnés en bout. Le chauffage se fait uniformément sur toute la périphérie au moyen de flammes à gaz; l'emmanchement se fait à la presse hydraulique.

Sur le moyeu avant est boulonné le tambour portant les bagues du labyrinthe compensateur, et sur le moyeu arrière est boulonné le tambour de la turbine de marche arrière. Enfin, lorsque le tambour est de grande longueur, il est renforcé par un ou plusieurs moyeux internes.

Tourillons. — Les tourillons, qui constituent l'arbre proprement dit, portent une série de cannelures ayant un objectif déterminé. Nous rencontrons ainsi successivement sur le tourillon avant, comme l'indique la figure montrant un rotor complet prêt pour l'ailetage :

Rotor complet d'une turbine à basse pression, montrant l'ailetage de la turbine proprement dite, de la turbine de marche arrière, les labyrinthes compensateurs et les tourillons.

(Page 64 *bis*.)

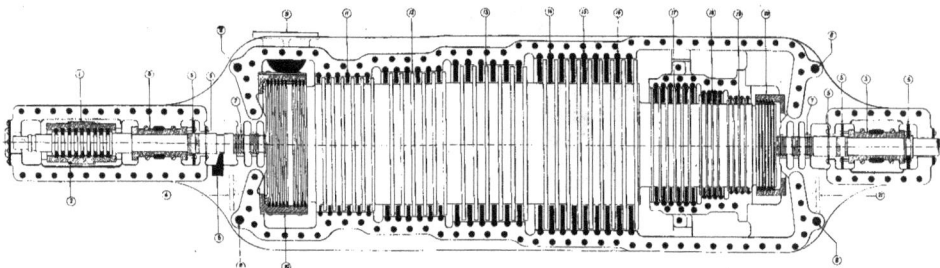

PLAN HORIZONTAL DE LA MOITIÉ INFÉRIEURE D'UN CYLINDRE A BASSE PRESSION AVEC LE TAMBOUR EN PLACE

NOTA. — Pour plus de clarté les pièces d'arbre des ailettes sont dessinées à des dimensions plus grandes que leur échelle ne comporte.

1. Palier de butée ; — 2. Demi-bague de réglage du palier de butée ; — 3. Palier ordinaire ; — 4. Admission directe à la haute pression ; — 5. Écrous avertant l'huile de graissage ; — 6. Indicateur du jeu longitudinal ; — 7. Collets de la boîte d'étanchéité ; — 8. Tiges-guides ; — 9. Tubulure d'admission de l'échappement de la haute pression ; — 10. Labyrinthe compensateur ; — 11, 12, 13, 14, 15, 16. Première, deuxième, troisième, quatrième, cinquième et sixième expansions ; — 17, 18, 19, expansions de la turbine de marche arrière ; — 20. Boîte et collets d'étanchéité de la turbine de marche arrière ; — 21. Admission à la turbine de marche arrière (directe).

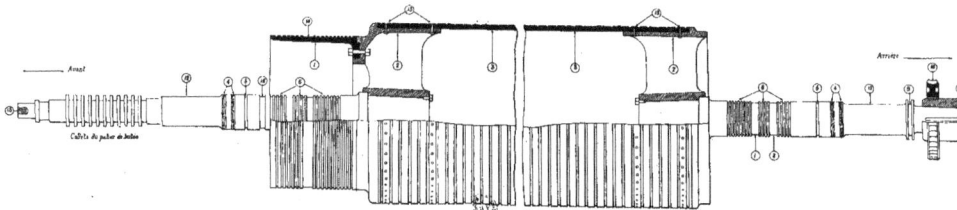

Avant   Arrière

Collets du palier de butée

DEMI-COUPE ET VUE EXTÉRIEURE D'UN TAMBOUR DE HAUTE PRESSION COMPLET AVEC TOURILLONS ET BAGUES

NOTA. — Les rainures sont quelquefois à queue d'aronde et quelquefois à ailettes sur les côtés ; les ailettes qui viennent s'encastrer dans ces rainures ne sont pas indiquées.

1. Piston du labyrinthe compensateur ; — 2. Moyeu ; — 3. Enveloppe du tambour ; — 4. Rainures pour arrêter l'huile ; — 5. Rainures pour les écrans de l'huile de graissage ; — 6. Collets de la boîte d'étanchéité ; — 7, 8. Admission et échappement des boîtes d'étanchéité ; — 9. Rainures de retenue de l'huile ; — 10. Visoir ; — 11. Manchon d'accouplement sur la ligne de l'arbre ; — 12. Palier ordinaire ; — 13. Goujons rivés ; — 14. Refoulement des pistons compensateurs ; — 15. Trous taraudés pour recevoir un boulon ; — 16. Rainure de l'indicateur longitudinal.

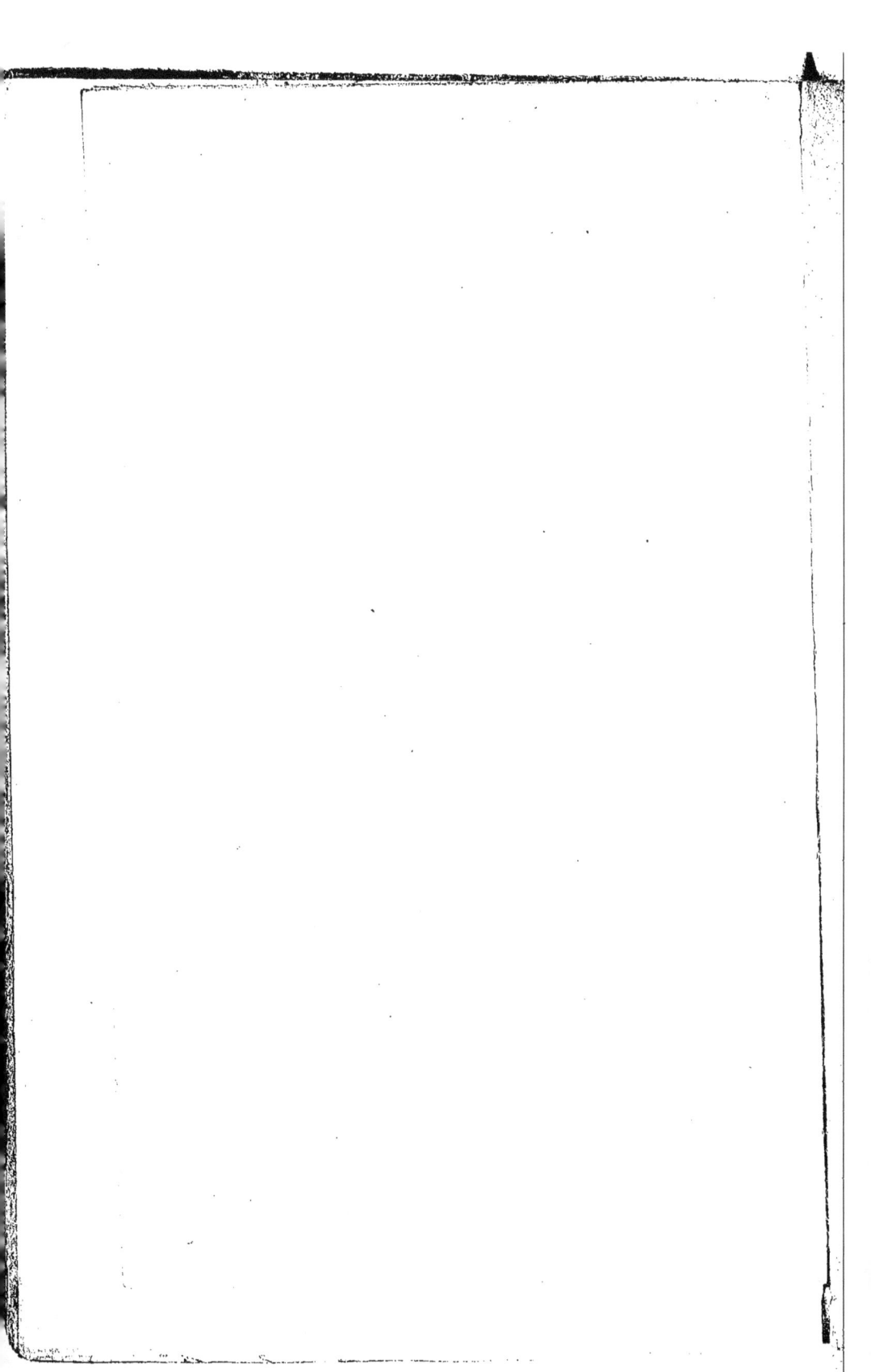

1° Les rainures d'étanchéité ; 2° le collet de l'indicateur de jeu longitudinal ; 3° la rainure où se placera le larmier du palier ; 4° les rainures d'égouttage centrifuge de l'huile ; 5° enfin, les cannelures du palier de but.

Le tourillon arrière porte des rainures analogues, sauf les cannelures de butée. Les larmiers centrifuges rapportés sur l'arbre ont pour but d'éviter l'introduction d'huile dans la turbine, ce qui aurait l'inconvénient de graisser la vapeur, sans compter la déperdition d'huile supportée par le palier.

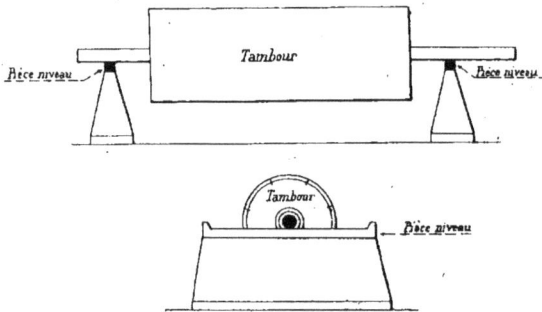

Installation pour l'équilibrage statique des tambours.

Équilibrage statique du rotor. — Le rotor terminé, on vérifie son équilibrage au repos. Ceci se fait aisément en faisant rouler le rotor sur deux arêtes rigoureusement horizontales, comme l'indique le croquis. Si le centre de gravité se trouve sur l'axe géométrique, l'équilibre est indifférent ; si cette condition n'est pas remplie, on y satisfait en goujonnant aux parties trop légères des plaques de tôle, et enlevant du métal aux parties trop lourdes.

Aussi parfait que soit l'équilibrage statique, il est certain qu'un équilibrage théorique n'est pas atteint et que, tournant à grande vitesse, le rotor vibrera ou même fouettera. Un essai dynamique est donc nécessaire.

Équilibrage dynamique du rotor. — L'essai en vitesse peut se faire par deux méthodes : en faisant tourner la turbine sous l'action de la vapeur à la façon ordinaire et inscrivant les irrégularités de rotation au moyen de stylets convenablement disposés ; ou mieux encore en faisant tourner le rotor au moyen d'un moteur électrique, les tourillons étant suspendus entre des paliers à ressorts, où il sera facile d'enregistrer les vibrations ou impulsions dynamiques diverses.

Il est rare qu'un rotor soit en état d'équilibre parfait, car, en dépit des corrections qu'on apporte à la suite de l'essai en vitesse, il est impossible, dans l'état des moyens dont on dispose actuellement, de corriger rigoureusement toutes les irrégularités.

Essai de dilatation. — A la suite de l'essai dynamique, le rotor est mis en place dans son enveloppe, et la vapeur y est admise de façon permanente pendant deux ou trois jours. On mesure alors les effets de la dilatation, et l'on procède, d'après les indications recueillies, à un réglage définitif des jeux et des longueurs.

Ajustement des anneaux compensateurs. — Pendant l'essai précédent, on détermine également les conditions de réglage du jeu entre les bagues et les anneaux du labyrinthe compensateur.

A cet effet la position du rotor est réglée pour que bagues et anneaux entrent en contact légèrement, ce qui détermine les points de contact par l'effet de rodage qu'on y constate. Les surfaces respectives sont alors dressées jusqu'à ce que le contact soit parfait sur toute la périphérie. On reporte à ce moment le rotor en arrière d'une quantité qui est égale au jeu qui devra exister normalement, et qui varie suivant les dimensions de la turbine (environ 1 à 1^{mm},5 pour les plus grosses unités). Ce réglage du jeu se fait au palier de butée de la façon qui sera exposée plus bas.

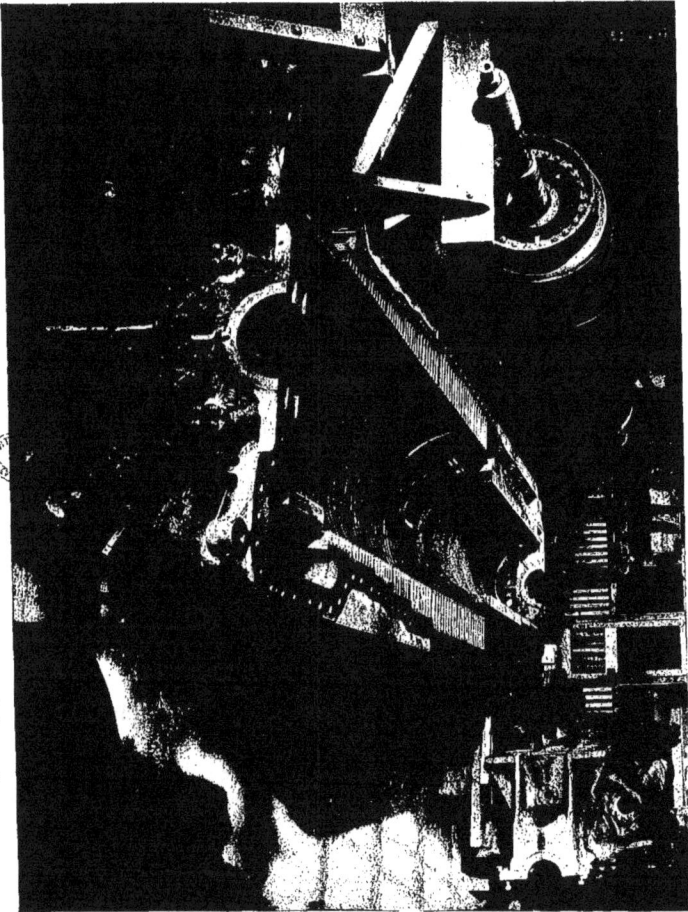

Enveloppe d'une turbine à basse pression du destroyer *Viper*, montrant l'ailetage fixe.

(Page 66 *bis*.)

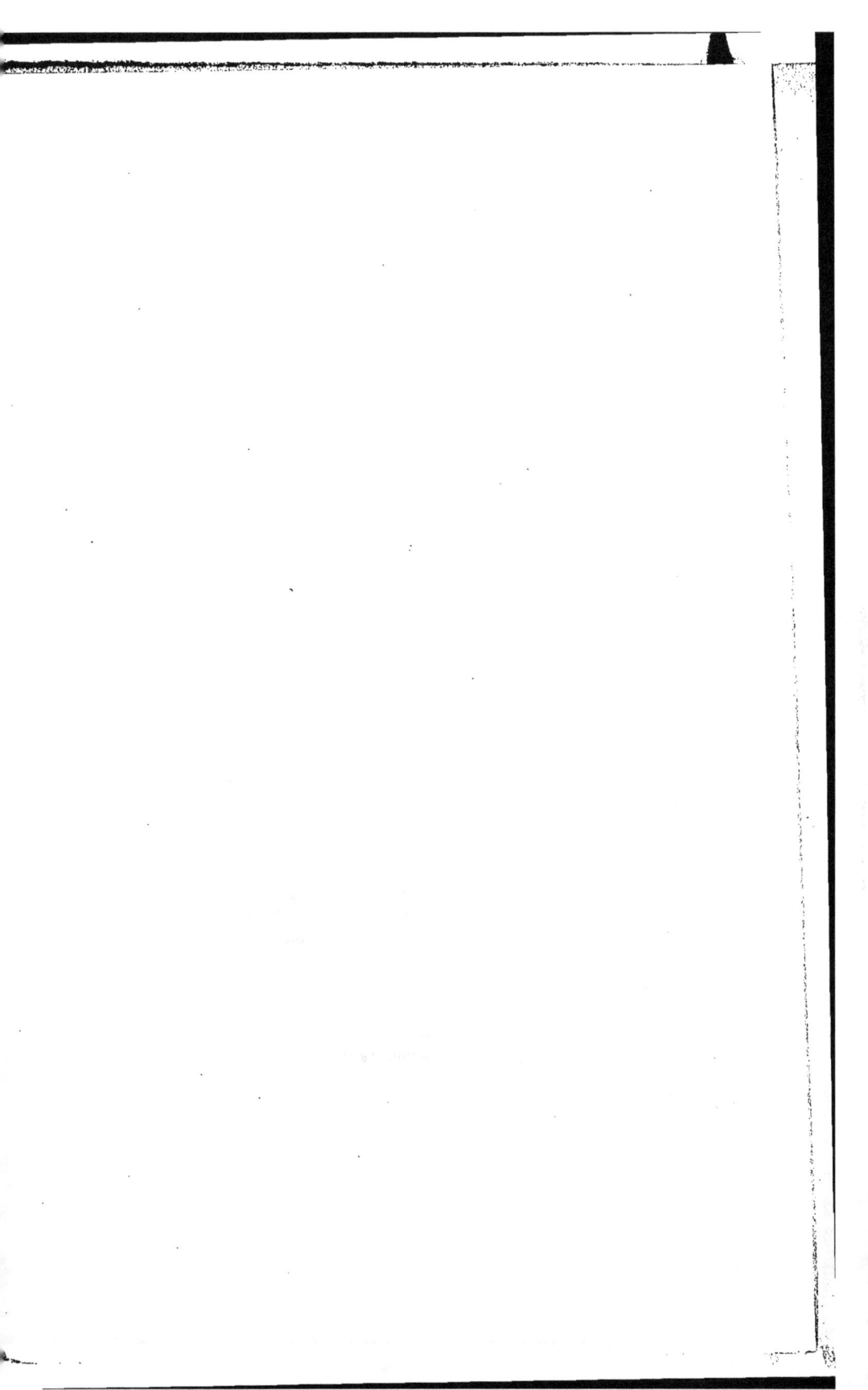

Dilatation de l'enveloppe. — Enfin on se rend compte durant ce même essai de la dilatation longitudinale de l'enveloppe. La liberté d'expansion se fait vers l'avant : alors que les boulons de fixation sont très solidement fixés à l'arrière au carlingage du bateau, les boulons avant sont libres de jouer dans des trous ovales.

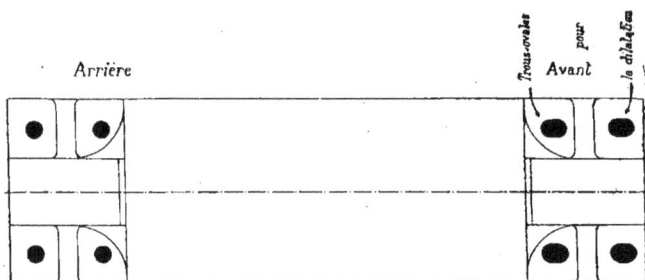

Plan horizontal du bâti-enveloppe indiquant, à l'extrémité avant, les trous ovalisés pour la dilatation.

Jeu entre couronnes. — Par suite de la poussée qui s'exerce de l'arrière vers l'avant, l'usure du rotor a pour effet de permettre un déplacement vers l'avant ; il est logique de donner au jeu entre les couronnes fixes et les couronnes mobiles une valeur un peu plus grande sur la face antérieure que sur la face postérieure de chaque élément.

Palier de butée. — Le palier de butée est généralement à l'avant de la turbine ; la butée a lieu entre les collets en acier de l'arbre et des bagues en bronze appartenant au palier. Ces bagues sont en deux moitiés : la moitié inférieure, solidaire de la semelle, reçoit la poussée ; en avant et la moitié supérieure, solidaire, du chapeau, reçoit la poussée en arrière.

Nous donnons ci-après plusieurs coupes et vues de ces paliers, mais nous croyons devoir rappeler ce qui a été dit déjà des organes secondaires des appareils à turbines : que, si le principe en demeure le même, leur forme varie suivant

LES TURBINES A VAPEUR MARINES

l'installation avec la puissance et le type du bâtiment, la différence est plus marquée sur les navires de guerre notamment,
où le prix de revient laisse plus de marge aux perfection-
nements. La disposition indiquée
par les figures ci-jointes est en
quelque sorte élémentaire. Le réglage de la moitié inférieure du
coussinet est obtenu au moyen
de cales, demi-circulaires et le réglage de la partie supérieure, qui
ici est attenante au chapeau, est
fait au moyen d'une vis dont la
pointe prend appui sur un bossage porté par la face avant du
cylindre de la turbine.

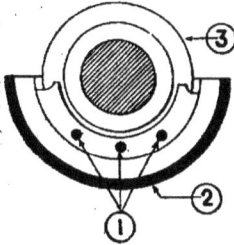

Vue transversale dans un palier
de butée.

1, Trous d'huile dans les collets
de butée en bronze ; — 2, Demi-couronne de réglage ; — 3, Collets de
l'arbre.

Sur des navires de guerre récents, les deux moitiés du coussinet
de butée sont enfermées dans une boîte fixe, où elles jouent
sur des coulisses; le mouvement de va-et-vient de chaque
moitié du coussinet est assuré par deux vis manœuvrées simul-

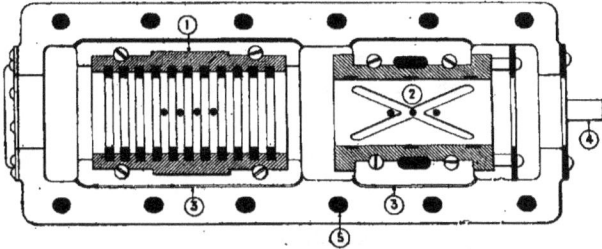

Vue intérieure du chapeau du palier de butée et du palier ordinaire attenant.
1, Poussée sur l'arrière ; — 2, Trous d'huile dans le bronze ; — 3, Passages pour l'huile ;
4, Vis de réglage ; — 5, Trous ovales permettant le réglage.

tanément par un mécanisme avec des roues striées et des vis
sans fin.

Le tambour est ainsi maintenu dans sa position longitudinale avec le jeu nécessaire entre les bagues et les collets du labyrinthe compensateur.

Il est à noter que, pour la raison que nous avons signalée plus haut : opposition entre la poussée de l'hélice et celle de la turbine, que l'usure du palier de butée est à peu près nulle, de sorte que le rôle du palier de turbine est réduit à ne recevoir la poussée effective de l'hélice que pendant les périodes de stoppage et de renversement de marche.

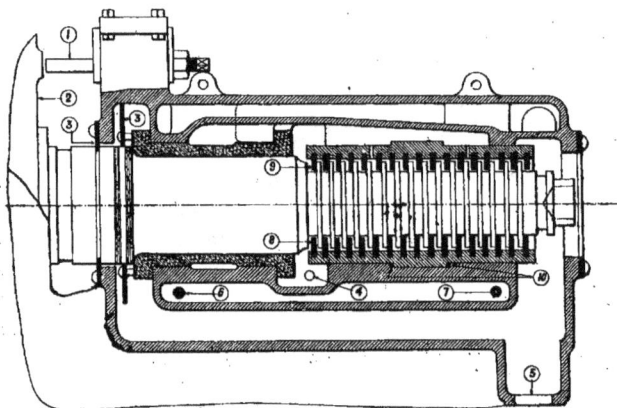

Coupe longitudinale dans le palier avant et le palier de butée.

1, Vis de réglage ; — 2, Face avant de l'enveloppe de la turbine ; — 3, Plaques-écrans pour le graissage ; — 4, Arrivée d'huile venant des pompes ; — 5, Retour d'huile aux réservoirs réfrigérants ; — 6, Admission d'eau fraîche ; — 7, Sortie de l'eau ; — 8, Demi-couronnes de la poussée avant ; — 9, Demi-couronnes de la poussée arrière ; — 10, Demi-couronnes de réglage.

Réglage du jeu longitudinal. — Ce réglage s'effectue au moyen d'une cale annulaire en bronze serrée entre le bâti et un épaulement solidaire de la semelle du palier de butée ; c'est donc de cette semelle ou moitié inférieure du palier que dépend la position longitudinale du rotor. La valeur du jeu se mesurera au moyen de l'indicateur dont nous avons parlé plus haut.

Réglage du jeu au labyrinthe compensateur. — C'est là le point essentiel. On commence par porter le rotor vers l'avant jusqu'à mettre en contact les bagues du rotor avec les anneaux; on reporte alors vers l'arrière le rotor de façon à laisser entre les bagues et anneaux un jeu dont on mesurera rigoureusement la valeur au micromètre. Ce jeu, dont la valeur varie suivant la puissance des appareils, est en général de 7 à 8 dixièmes de millimètre. On règle alors la cale du palier des butée de façon à ce que le rotor ne puisse jouer, de part et d'autre de la position déterminée, que de quelques centièmes de millimètre, juste la valeur nécessaire pour permettre le passage de la pellicule d'huile entre les collets et les bagues de butée.

Il faut faire observer qu'à chaud le jeu au labyrinthe est un peu réduit, et que l'on devra tenir compte de ce fait si le réglage se fait à froid, en mesurant dans les deux cas la valeur du jeu.

D'ailleurs la connaissance de ce jeu possède une telle importance que beaucoup de mécaniciens la vérifient tous les deux ou trois jours. C'est le point le plus délicat de la conduite des turbines.

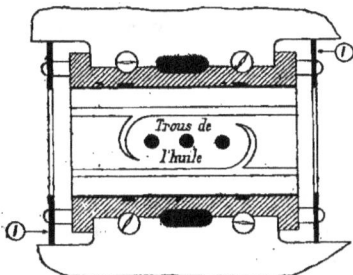

Partie inférieure des paliers de l'arbre.
1, 1, Écrans pour l'huile.

Paliers – supports. — L'ensemble du rotor repose sur deux paliers, un à chaque extrémité, dans lesquels s'engagent les tourillons. Ils sont du type classique pour machines marines à grande vitesse, avec coussinet en bronze et revêtement antifriction. De petits trous, visibles sur la figure, traversent le chapeau et alimentent le coussinet en huile fournie sous la pression de $0^{kg},6$ par une pompe de circulation spéciale.

Des écrans en laiton, également montrés sur la figure, sont soigneusement ajustés, de façon à éviter toute sortie d'huile hors du palier; en outre, un larmier ajusté dans une cannelure sur l'arbre s'oppose, par effet centrifuge, à toute pénétration d'huile. Si une fuite chemine le long de l'arbre malgré l'écran, elle ne peut pas franchir le larmier.

Appareil vireur. — Un vireur ordinaire est installé sur l'un des tourillons. Il consiste en une roue héliçoïdale calée sur le tourillon et engrenant avec une vis sans fin qui est actionnée à l'aide d'une manivelle avec train réducteur intermédiaire. Il est nécessaire de faire tourner le rotor à la main lorsqu'on vérifie les jeux ou lorsqu'on examine l'état des aubages, la moitié supérieure de l'enveloppe étant retirée; l'appareil est employé en pareil cas.

Appareil déplaceur. — Pour produire les déplacements longitudinaux lors du réglage, on se sert d'un appareil à vis. Un cliquet conçu pour ce chef, permet de faire avancer ou reculer d'une quantité voulue l'ensemble du rotor. Il est nécessaire, pour pouvoir opérer, de démonter le premier élément de la ligne d'arbres.

Frein d'hélice. — Une des flasques du manchon d'accouplement du tourillon à l'arbre d'hélice est utilisée comme frein pour assurer l'immobilisation absolue de la ligne d'arbres, ce qui est nécessaire dans certains cas. A cet effet le plateau est considéré comme tambour de friction d'un frein à bande, dont on détermine le serrage en serrant la bande contre le plateau par un dispositif à vis.

Tachymètre. — Sur chaque turbine est installée la commande d'un tachymètre ou compteur de tours, dont le cadran est placé bien en vue du parquet de commande du maître-mécanicien. C'est une commande rigide par engrenage et vis sans fin, le rapport de réduction des vitesses étant le plus généralement de 10.

Bye-pass. — Une valve, ou bye-pass, contrôlée par une vanne extérieure, permet d'admettre directement de la vapeur vive sur les dernières expansions. Cette admission supplémentaire est utilisée au démarrage, pour ne pas faire supporter aux couronnes de la première expansion la totalité de l'effort à développer ; elle sert, en outre, à surcharger la turbine lorsqu'on veut forcer l'allure du navire et qu'il faut accroître par conséquent la puissance développée.

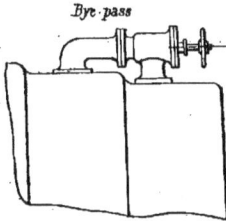

Passage latéral de vapeur, de la 1ʳᵉ à la 3ᵉ expansion.

Crépine d'admission. — Le tuyau de vapeur vive est muni d'une crépine constituée par une toile fine de laiton, dont le but est d'empêcher l'introduction, dans la turbine, de tout corps étranger.

Il convient de dire ici que toute eau venant des chaudières chargée de dépôts est funeste pour les turbines et que, si les filtres d'alimentation sont des accessoires nécessaires avec les machines ordinaires, ils sont indispensables avec les turbines. C'est que, malgré les crépines installées à l'arrivée des tuyaux de vapeur, les graviers et les dépôts entraînés finissent toujours par pénétrer à l'intérieur des ailetages, qu'ils exposent à de sérieux dégâts. Il convient d'ajouter que l'eau d'alimentation, quand elle est boueuse, favorise singulièrement les entraînements d'eau des chaudières aux cylindres.

Guides de démontage. — Quatre grands guides verticaux, constitués par des tiges boulonnées à la moitié inférieure de l'enveloppe, se dressent aux quatre angles du bâti ; ils ont pour but de maintenir l'aplomb, lors d'un démontage ou remontage‘ de la moitié supérieure de l'enveloppe, de façon à ne pas endommager les couronnes d'ailettes par une fausse manœuvre.

La figure montre la position de ces guides.

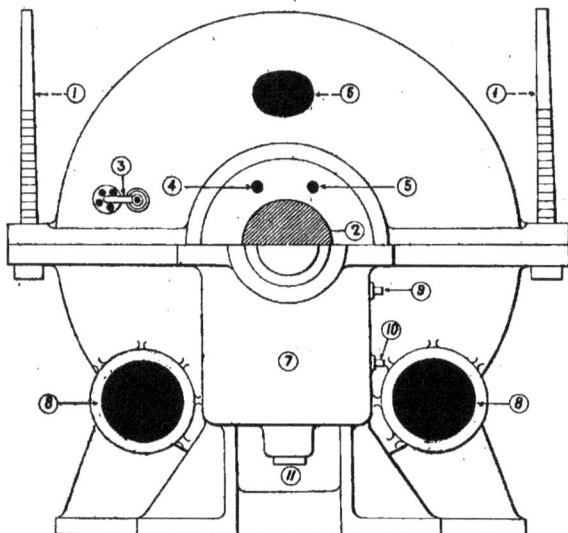

Vue par l'avant, le chapeau du palier de butée enlevé, montrant les guides.

1, Tiges-guides ; — 2, Tourillon du tambour ; — 3, Indicateur du jeu de tambour ; — 4, Admission de vapeur à la boîte d'étanchéité ; — 5, Échappement de la boîte d'étanchéité ; — 6, Trou de visite à main ; — 7, Support du palier de butée ; — 8, 8, Arrivée de vapeur à la turbine ; — 9, Arrivée d'huile ; — 10, Arrivée d'eau fraîche ; — 11, Sortie de l'huile.

II

ORGANES ACCESSOIRES ET TUYAUTERIE

Les diverses tuyauteries varient évidemment suivant la disposition et le nombre des turbines ; voici, cependant, les principales connections de vapeur entre les générateurs, les turbines et les appareils accessoires.

Turbines de marche avant. — *Admission.* — L'admission a toujours lieu du côté avant ; la tubulure est directement reliée aux chaudières pour la turbine haute pression et est reliée à l'échappement de la haute pression pour les turbines basse pression.

Échappement. — L'échappement a toujours lieu du côté arrière; la tubulure d'échappement de la turbine haute pression est reliée à l'admission des turbines de basse pression, et l'échappement de celles-ci est relié directement au condenseur.

Clapets d'arrêt de la basse pression. — Ces clapets sont disposés pour éviter le retour de vapeur de la basse pression dans la turbine haute pression. Ils sont disposés dans une

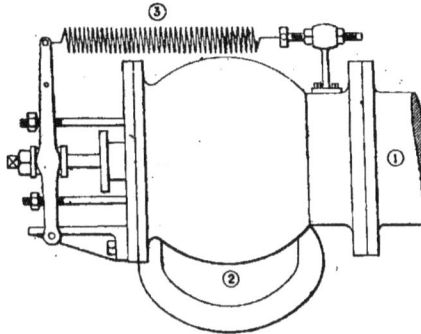

Soupape à ressort de non-retour.

1, Échappement de la turbine à haute pression; — 2, Admission à la turbine à basse pression .; — 3, Paire de ressorts. — Cette soupape est installée à l'extrémité de l'échappement de la haute pression à la turbine à basse pression; elle est destinée à empêcher le retour de la vapeur à la turbine à haute pression, lorsqu'on marche avec la basse pression seulement.

cavité ménagée dans le bâti de la turbine basse pression, à l'arrivée. Les ressorts antagonistes sont réglés de façon à ce que la vapeur pénètre dans la turbine, mais ne puisse ressortir, quelle que soit la pression à l'intérieur de la turbine.

Ces clapets entrent en fonctionnement lorsqu'on alimente directement les turbines basse pression avec de la vapeur vive, ce qui est nécessaire lorsqu'on veut marcher seulement avec un ou plusieurs des arbres extérieurs, dans certaines manœuvres du bâtiment.

Admission directe à la basse pression. — Nous venons de

voir que cette manœuvre est quelquefois nécessaire : elle se fait par une tubulure spéciale.

Bye-pass. — Nous avons déjà parlé de cet organe qui relie la première à la troisième expansion, et qui permet d'admettre à volonté de la vapeur vive à travers le milieu de la turbine, soit qu'il s'agisse de faciliter le démarrage, soit de pousser la puissance temporairement.

Soupapes de sûreté. — Des soupapes de sûreté, convenablement chargées, sont placées aux points où la pression est maximum, c'est-à-dire à l'avant de chaque turbine.

Joints étanches. — Nous avons déjà parlé des boîtes usitées pour empêcher toute fuite de vapeur aux tourillons. Ces boîtes sont alimentées par de la vapeur vive pour la turbine haute pression, et par de la vapeur sortant de la haute pression pour les boîtes des turbines basse pression.

L'évacuation se fait dans la troisième expansion pour les boîtes de la haute pression et directement au condenseur pour les boîtes de la basse pression.

Évacuation du labyrinthe compensateur. — Une tubulure joint l'enveloppe au labyrinthe de la troisième expansion. Ceci a pour but de renvoyer dans la turbine la vapeur qui aurait pu fuir à travers la première série de bagues.

Marche arrière. — Enfin, une tubulure d'admission directe amène la vapeur vive dans la turbine de marche arrière.

Toute cette tuyauterie forme un ensemble déjà complexe pour le cas d'installation le plus simple que représente la planche, celui d'un montage à trois arbres : un arbre central sur la turbine haute pression, et deux arbres latéraux, chacun sur une turbine basse pression.

Connections de renversement de marche. — Le schéma ci-après représente exclusivement les tuyauteries de renversement de marche et met à même de suivre plus aisément les manœuvres nécessaires.

Une vanne à main principale admet la vapeur vive dans la

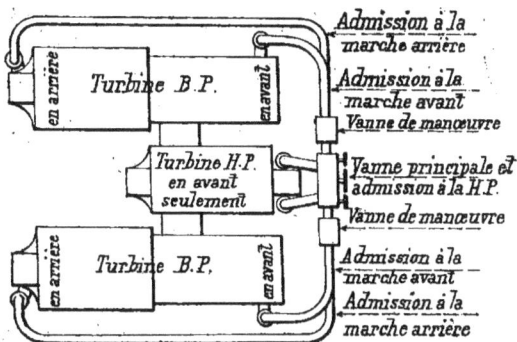

Tuyautage général d'admission et de renversement de marche.

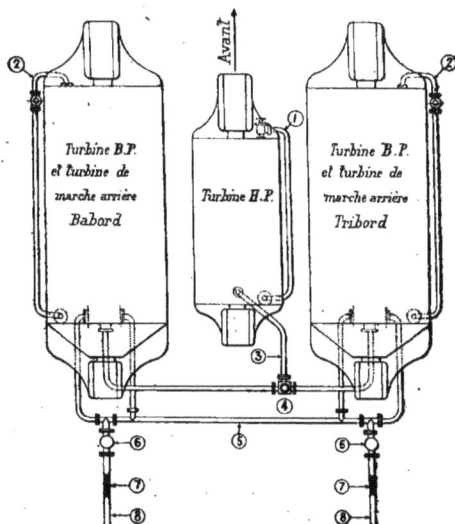

Tuyautage spécial de drainage d'eau.

1, Drain venant de l'arrière de la turbine à haute presion ; — 2, Drain faisant communiquer l'avant de la basse pression avec l'arrière ; — 3, Drain de l'arrière de la turbine à haute pression à l'arrière de l'une ou l'autre des basses pressions ; — 4, Robinet à deux voies pour la communication avec l'un ou l'autre côté ; — 5, Drain de l'arrière de l'une ou l'autre des basses pressions à la pompe à air « humide » ; — 6, Soupape de non-retour légèrement chargée ; — 7, Tuyau cintré en U, agissant comme bouchon d'eau pour éviter les rentrées d'air ; — 8, Aspiration de la pompe à air « humide ».

Nota. — Les connections 1, 2 et 3 ne sont ouvertes que lorsque les turbines ont été stoppées, et les connections 5, 6, 7 et 8, sont ouvertes momentanément, soit pendant la marche des turbines, soit quand elles sont stoppées.

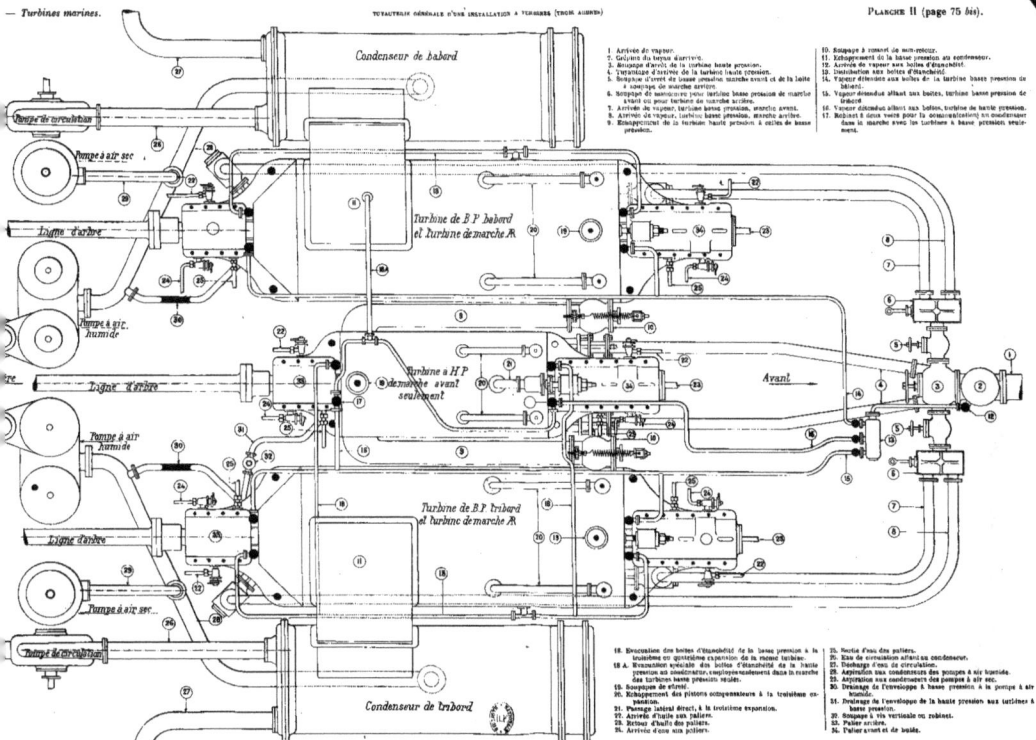

Condenseur de babord

Pompe de circulation

Pompe à air sec

Ligne d'arbre

Pompe à air humide

Turbine de B.P. babord et turbine de marche AR

Turbine à HP de marche avant seulement

Avant

Turbine de B.P. tribord et turbine de marche AR

Condenseur de tribord

1. Arrivée de vapeur.
2. Gulpiez du tuyau d'arrivée.
3. Soupape d'arrêt de la turbine haute pression.
4. Tuyauterie d'arrivée de la turbine haute pression.
5. Soupape d'arrêt de basse pression marche avant et de la boîte à soupape de marche arrière.
6. Soupape de manœuvre pour turbine basse pression de marche avant ou pour turbine de marche arrière.
7. Arrivée de vapeur, turbine basse pression, marche avant.
8. Arrivée de vapeur, turbine basse pression, marche arrière.
9. Échappement de la turbine haute pression à celles de basse pression.
10. Soupape à renard de sûr-réduc.
11. Échappement de la basse pression au condenseur.
12. Arrivée de vapeur aux boîtes d'étanchéité.
13. Distribution aux boîtes d'étanchéité.
14. Vapeur détendue aux boîtes de la turbine basse pression de babord.
15. Vapeur détendue allant aux boîtes, turbine basse pression de tribord.
16. Vapeur détendue allant aux boîtes, turbine de haute pression.
17. Robinet à deux voies pour la communication en condenseur dans la marche avec les turbines à basse pression seulement.

18. Évacuation des boîtes d'étanchéité de la basse pression à la troisième ou quatrième expansion de la même turbine.
18 A. Évacuation spéciale des boîtes d'étanchéité de la haute pression au condenseur, employée seulement dans la marche des turbines basse pression seules.
19. Soupapes de sûreté.
20. Refoulement des pistons compensateurs à la troisième expansion.
21. Passage latéral direct, à la troisième expansion.
22. Arrivée d'huile aux paliers.
23. Retour d'huile des paliers.
24. Arrivée d'eau aux paliers.
25. Sortie d'eau des paliers.
26. Eau de circulation allant au condenseur.
27. Décharge d'eau de circulation.
28. Aspiration aux condenseurs des pompes à air humide.
29. Aspiration aux condenseurs des pompes à air sec.
30. Drainage de l'enveloppe à basse pression à la pompe à air humide.
31. Drainage de l'enveloppe de la haute pression aux turbines à basse pression.
32. Soupape à vis verticale ou robinet.
33. Palier arrière.
34. Palier avant et de butée.

culotte d'admission de la turbine haute pression, d'où elle
pénètre dans les turbines basse pression ; les trois machines
fonctionnent alors simultanément.

Une autre vanne plus petite commande de chaque côté un
servo-moteur, qui admettra à volonté de la vapeur vive à l'avant
ou à l'arrière de chaque turbine basse pression individuellement.

Par ce moyen on contrôle la marche avant ou arrière de
chaque arbre latéral, l'arbre central étant à l'arrêt.

Connections de drainage des condensations. — Un
tuyau relie l'avant de chaque turbine avec l'arrière, dans le
but de drainer l'eau qui pourrait se condenser dans les premières expansions. Les robinets de cette purge sont ouverts
de temps en temps, lorsque la machine est au stoppage. Ce
drainage est peu important.

Le drainage le plus important est celui des turbines basse
pression, où la détente adiabatique a humidifié la vapeur.

Cette eau condensée se réunit à la partie inférieure de l'enveloppe, qui possède un point bas d'où part le tuyau de purge.
Les diverses tuyauteries se rendent dans un collecteur général
de drainage sur lequel travaille la pompe à air humide.

Durant la marche les purges ne doivent être ouvertes que
juste le temps nécessaire à l'évacuation de l'eau condensée ;
pendant l'arrêt des machines, tous les drainages peuvent être
ouverts à la cale, notamment lorsqu'il n'y a plus lieu de
conserver le vide.

La figure ci-jointe montre la tuyauterie spéciale de drainage, que la légende suffit à expliquer.

Connections des boîtes d'étanchéité. — La planche II
montre le détail des connections de vapeur et de drainage des
boîtes d'étanchéité, ainsi que leur situation respective sur
l'avant et sur l'arrière des turbines.

Pompes à air. — Toutes sont du type indépendant, double
effet. La pompe à vide ordinaire, qui remonte à la fois l'eau

condensée, la buée et l'air pour décharger dans la bâche
d'alimentation, est appelée pompe humide, par opposition à
un dispositif imaginé par la maison Weir pour assurer un

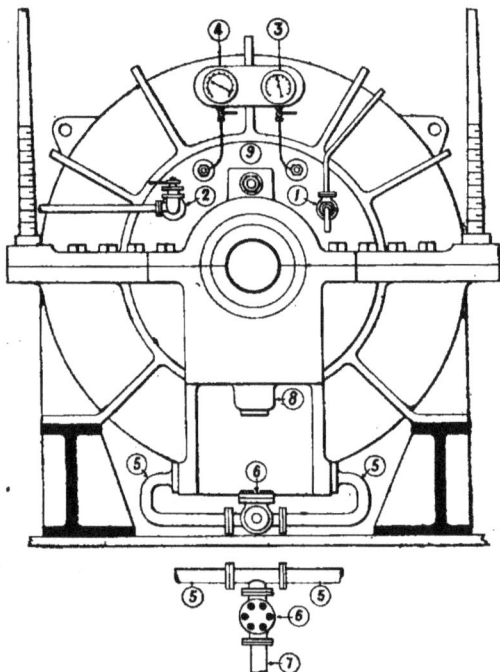

Vue de la face arrière d'une turbine bassse pression, indiquant les tuyautages
des boîtes d'étanchéité et de drainage d'eau.

1, Robinet d'admission de vapeur à la poche extérieure ; — 2, Robinet d'échappement de
la poche inférieure à la 3ᵉ ou à la 4ᵉ expansion de la basse pression; —3, Manomètre sur la poche
extérieure ; — 4, Manomètre sur la poche intérieure ; — 5, Tuyau de drainage des fonds de
l'enveloppe ; — 6, Soupape de non-retour à charge légère ; — 7, Aspiration de la pompe à
air humide ; — 8, Drainage d'huile des paliers retournant aux réservoirs réfrigérants.

degré de vide élevé, à l'aide d'une autre pompe appelée pompe
sèche.

La pompe à vide fonctionne à la façon ordinaire, mais une

pompe spéciale aspire constamment et uniquement le mélange
d'air et de buée qui existe à la partie supérieure du condenseur. Pour n'avoir pas à aspirer d'eau, cette pompe sèche est
donc montée au-dessus de la pompe ordinaire, avec une tubulure aspirant en un point haut du condenseur, et une tubulure refoulant l'air aspiré extérieurement; une double paroi à
circulation d'eau froide condense la buée. Par l'adjonction de
cette pompe sèche on a pu maintenir au condenseur un vide
de 736 millimètres.

Un autre dispositif tendant au même but a été imaginé par
la Compagnie Parsons, qui lui a donné le nom d'amplificateur

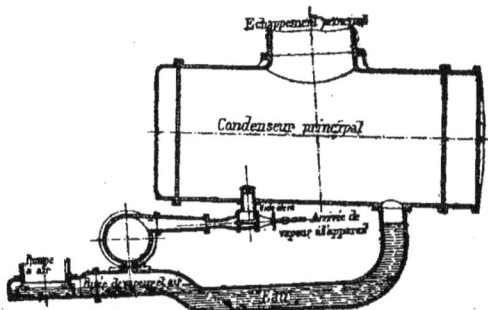

Augmenteur de vide Parsons.

du vide (*vacuum augmenter*). Il consiste, comme le montre la
figure, à disposer sous le condenseur principal un petit condenseur auxiliaire communiquant avec l'autre par un ajutage
dans lequel on fait souffler un jet de vapeur. L'aspiration
produite par ce jet entraîne le mélange d'air et de vapeur du
condenseur et agit, en somme, comme une pompe à air sèche.

Ce dispositif permet d'accroître de 50 millimètres environ
le vide ordinaire obtenu par la pompe humide ; toutefois, il
est d'un fonctionnement moins sûr ou moins commode que la
pompe sèche, car c'est cette dernière qui a été exclusivement
adoptée dans les installations les plus récentes.

L'importance du vide dans les turbines a déjà été signalée plus haut. A ce sujet, M. Parsons dit :

« L'addition d'un pouce (25^{mm},4) de vide au condenseur au-dessus de 660 millimètres a pour effet de réduire la consommation de vapeur de 4 0/0. Une nouvelle augmentation de un pouce de vide donnerait une nouvelle économie de 4 1/2 0/0, et, en portant le vide à 736 millimètres, l'on abaisserait encore la consommation de 5 1/2 0/0. »

Pompes de circulation. — Ces pompes, une par condenseur, ont pour mission de faire circuler autour des éléments

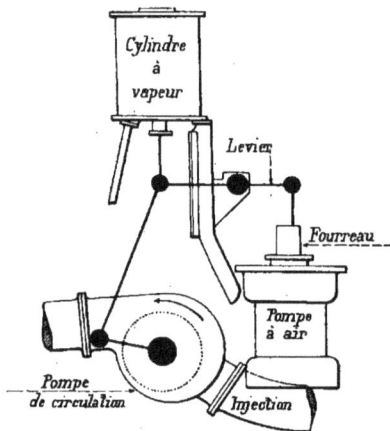

Commande simultanée de pompe à air et pompe de circulation.

du condenseur un courant d'eau froide assurant la condensation ; elles peuvent être d'un type quelconque, mais le plus souvent rotatives. Généralement on combine, comme le montre la figure, la commande des pompes de circulation et d'air à partir d'un même cylindre à vapeur.

L'eau de circulation est directement empruntée à la mer.

Pompes spéciales. — D'autres petites pompes sont employées, notamment pour produire la circulation d'huile et d'eau de refroidissement aux paliers. La circulation d'huile se fait sous une pression de $0^{kg},6$ à $0^{kg},7$ par centimètre carré. Nous n'avons pas à considérer ici les pompes qui n'ont aucune relation particulière avec l'emploi des turbines, telles que pompes d'alimentation des chaudières, pompes de ballast, d'épuisement, etc.

L'on peut dire, toutefois, que le nombre des pompes spéciales aux turbines est un peu plus grand que celui des pompes spéciales aux machines à piston.

III

CONDUITE, ENTRETIEN ET CONDITIONS D'ADAPTATION DES TURBINES MARINES

Nous considérerons dans ce chapitre l'adaptation pratique des turbines aux exigences spéciales de la marine.

Chaudières. — Les turbines ne nécessitent aucun système particulier de générateurs de vapeur. Ceux-ci seront du type usuellement préféré par les différentes marines ou compagnies.

Puissance indiquée. — La puissance développée par les turbines ne peut être calculée par aucune formule suffisamment précise. Elle ne peut pas non plus être déduite d'un diagramme, car on ne dispose d'aucun appareil permettant de relever mécaniquement le degré de détente et le débit.

On en est réduit à évaluer approximativement cette puissance d'après la consommation en eau jaugée sur l'alimentation, et comparée à la consommation de certains types de machines connues.

Il va sans dire que ce moyen est des plus primitifs ; le seul procédé de mesure quelque peu exact consiste à évaluer la

6

puissance sur l'arbre de couche au moyen du dynamomètre de torsion. Nous considérerons cette mesure en détail dans un chapitre particulier.

Vitesse et régulation. — La vitesse des turbines est toujours très élevée par rapport à celle des machines à piston ; nous avons déjà vu, dans la partie théorique, que le choix de cette vitesse doit être raisonné entre des conditions contradictoires.

Au début, la vitesse était de 800 tours pour les arbres latéraux montés sur les turbines basse pression et de 600 tours pour l'arbre central monté sur la haute pression. Depuis, on a abaissé sensiblement cette vitesse, tout en l'unifiant pour tous les arbres porte-hélice.

Les grands cunarders *Lusitania* et *Mauretania* ont leurs quatre arbres tournant à 200 tours ; les cuirassés français du nouveau programme naval auront leurs arbres tournant à 300 tours.

Les basses vitesses sont exigées pour le bon fonctionnement des hélices, mais elles correspondent fatalement à une augmentation du diamètre des turbines et, par suite, du poids de la machinerie. Il est évident que, si l'on pouvait réaliser un type d'hélice présentant un rendement élevé aux grandes vitesses de rotation, l'on pourrait réduire dans de grandes proportions l'encombrement et le poids du matériel moteur, déjà si réduit par rapport aux machines à piston.

Il semble à peu près certain que la construction navale s'orientera de plus en plus, sous l'influence de la turbine, vers l'hélice à grande vitesse. Déjà cette évolution peut se constater pour le canot automobile où l'on a pu établir des hélices directement accouplées à des moteurs à explosion tournant à 1.000 tours et donnant entière satisfaction.

Par suite de la charge constante sous laquelle fonctionnent le plus souvent les turbines marines, on avait considéré l'emploi du régulateur comme superflu, et on laissait le réglage de la vitesse aux soins du mécanicien. Il faut néanmoins constater dans les installations les plus récentes un mouvement en faveur du régulateur, qui est employé comme étrangleur sur l'admission.

Disposition des turbines à bord. — Le nombre et la disposition des turbines doit être mis en accord avec les limites d'encombrement dont on dispose et avec les exigences de la propulsion.

Au début, l'installation consistait tout d'abord en trois turbines dans lesquelles la vapeur se détendait successivement : une turbine à haute pression placée d'un côté, une de moyenne pression, située du côté opposé et une turbine de basse pression placée au centre. Il y avait donc trois arbres. C'était l'installation de la *Turbinia*, le pionnier des navires à turbines. Plus tard l'on adoptait, comme étant plus satisfaisant, le système compound avec une turbine de haute pression sur l'arbre du centre et deux turbines de basse pression de chaque bord, sur les arbres latéraux. Le principe de cette disposition a été conservé, la turbine de haute pression évacue simultanément dans les deux turbines latérales, et, de celles-ci, la vapeur, détendue à son extrême limite utilisable, passe au condenseur.

A l'extrémité de chaque turbine de basse pression se trouve une turbine de renversement de marche. Cela fait cinq turbines en tout.

Cette disposition a été généralement adoptée sur les destroyers et les vapeurs de moyen tonnage où elle donnait les excellents résultats que l'on sait. Sur les grands transatlantiques pourtant et les cuirassés récemment pourvus de turbines, comme l'on disposait de chambres des machines très larges où les appareils étaient beaucoup plus puissants, on a adapté une installation à quatre arbres ; ce qui, sur les cuirassés, notamment, se prête bien à la disposition de deux chambres des machines séparées par la cloison centrale ordinaire. L'on a ainsi deux jeux complets de machines ayant chacune leur haute, leur basse pression et leur condenseur. L'appareil comprend ici généralement quatre turbines de chaque

SCHÉMAS DE L'ARRANGEMENT DES TURBINES EMPLOYÉ POUR LES NAVIRES DE COMMERCE

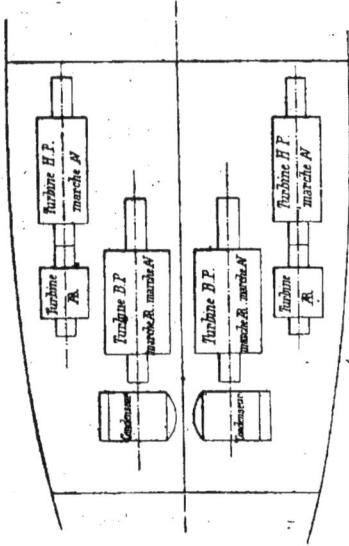

FIG. 2. — Navire marchand. Quatre arbres. Une turbine de marche arrière sur chacun d'eux. Deux compartiments.

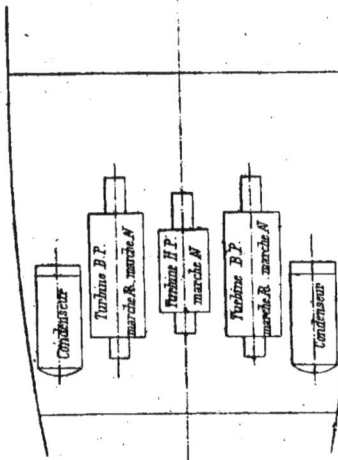

FIG. 4. — Navire marchand. Quatre arbres. Une turbine de marche arrière sur chacun des deux arbres intérieurs. Cinq compartiments.

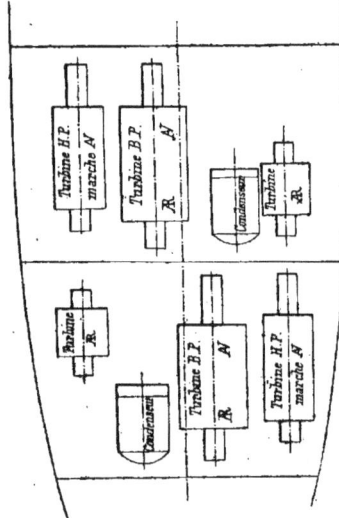

FIG. 1. — Navire marchand. Disposition type. Trois arbres. Deux turbines de marche arrière. Un seul compartiment.

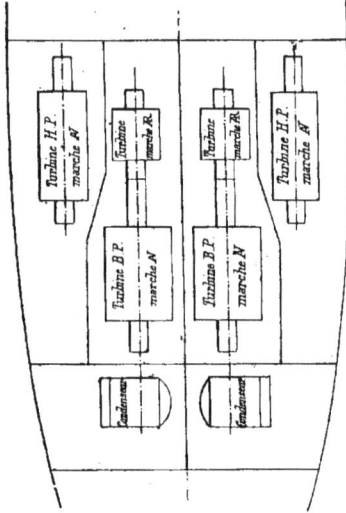

FIG. 3. — Navire marchand. Quatre arbres. Une turbine de renversement sur chacun d'eux. Deux compartiments.

INSTALLATIONS DES TURBINES POUR NAVIRES DE GUERRE

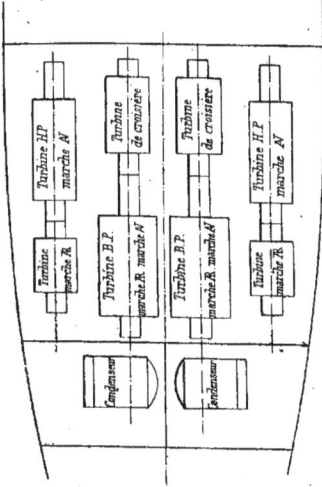

Fig. 2. — Installation à quatre arbres. Une turbine de marche arrière sur chacun d'eux. Deux turbines de croisière. Cinq compartiments.

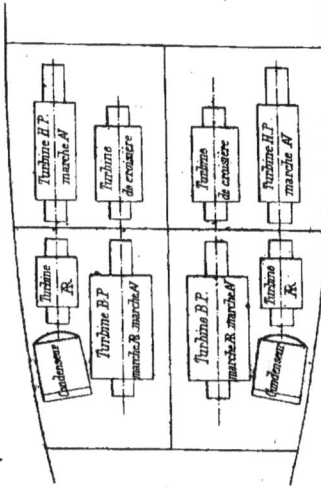

Fig. 4. — Installation à quatre arbres. Une turbine de renversement sur chacun d'eux. Deux turbines de croisière. Quatre compartiments.

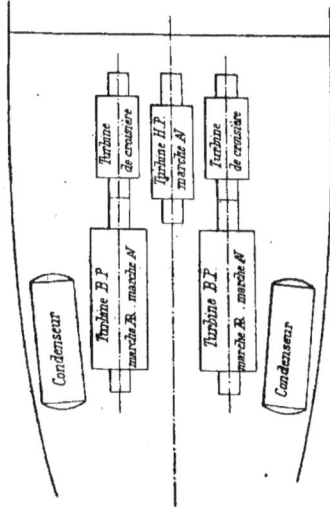

Fig. 1. — Installation à trois arbres. Deux turbines de marche arrière. Deux turbines de croisière. Un compartiment.

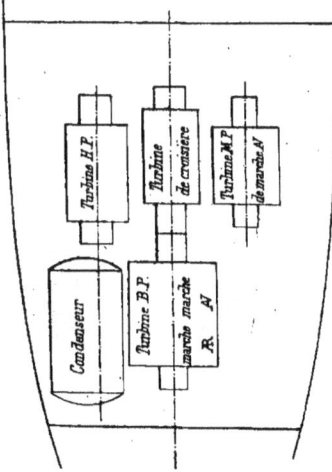

Fig. 3. — Installation pour torpilleur. Trois arbres. Une turbine de marche arrière. Une turbine de croisière. Un compartiment.

INSTALLATIONS DE TURBINES POUR NAVIRES DE GUERRE (*suite*)

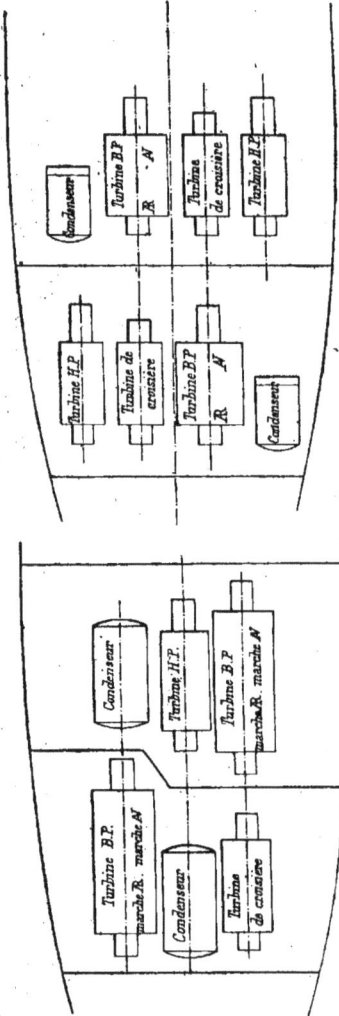

Fig. 5. — Installation à trois arbres. Deux turbines de marche arrière. Une turbine de croisière. Deux compartiments.

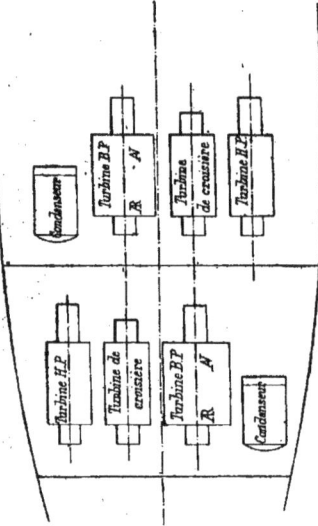

Fig. 6. — Installation à quatre arbres. Deux turbines de marche arrière. Deux turbines de croisière. Deux compartiments.

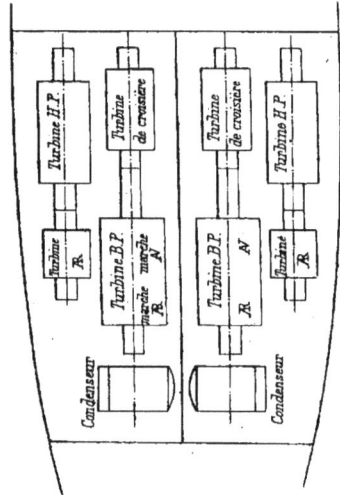

Fig. 7. — Installation à quatre arbres. Une turbine de renversement de marche sur chacun d'eux. Deux turbines de croisière. Deux compartiments.

bord, soit : une de haute pression, une de basse pression, une turbine de marche arrière et une turbine de croisière. C'est la disposition choisie pour les cuirassés anglais du type *Dreadnought*, et pour les cuirassés français du type *Danton*. Les schémas accompagnants résument les dispositions généralement adoptées dans la Marine marchande et la Marine de guerre.

Marche en avant. — Dans l'installation à trois arbres, la plus fréquemment adoptée pour les navires de moyenne puissance, il y a une seule turbine haute pression et deux turbines basse pression, avec chacune un condenseur.

Dans les installations à quatre arbres, adoptées pour les grands transatlantiques et les cuirassés, il y a quatre turbines, deux de haute pression, deux de basse pression et deux condenseurs.

Dans les deux cas, la marche à pleine vitesse s'obtient en ouvrant entièrement la vanne principale d'admission à la turbine haute pression ; de là la vapeur pénètre naturellement dans la basse pression, puis dans le condenseur, où les pompes, faisant le vide, maintiennent l'appel de vapeur.

Marche en arrière. — Pour la marche arrière, la vanne principale est fermée, et on admet, au moyen du servo-moteur signalé plus haut, de la vapeur vive dans l'ailetage de renversement de marche qui est situé dans les installations à trois arbres à la partie arrière des turbines basse pression. A ce moment, les soupapes de retour fonctionnent, empêchant l'introduction de la vapeur dans les turbines haute pression, qui se trouvent tourner dans le vide.

Sous l'influence des remous de l'eau sur l'hélice centrale, l'arbre et la turbine de haute pression se mettent à tourner également ; mais la puissance absorbée par cette rotation est très faible et n'est pas à considérer comme effet de freinage.

Contrairement à l'attente générale, contrairement aussi à l'impression donnée par les premiers appareils, les navires à turbines ont démontré qu'un prompt stoppage et un renver-

sement de marche suffisamment rapide pouvaient être obtenus
avec des appareils de puissance convenable. Maintes expériences ont donné à cet égard des résultats qui ne permettent
pas d'en douter. On trouvera plus loin deux tableaux de résultats comparatifs empruntés à l'*Engineering* et qui faisaient
partie d'un mémoire présenté, par MM. A. Parsons et Ridsdale,
au dernier Congrès international de Bordeaux. Ces tableaux
indiquent qu'à petite vitesse un navire à turbines peut être
amené de la marche au repos et lancé en arrière en un temps au
moins aussi court que celui qui est pris par la même manœuvre
dans un navire de même classe à machines alternatives, et qu'à
grande vitesse l'avantage que ce dernier paraît avoir à cet
égard n'est que bien faible.

Lorsque, dans la marche à grande vitesse, la vapeur est
admise aux turbines de renversement, l'arbre continue à
tourner quelques instants encore dans le sens de la marche
avant ; les ailettes tournent alors contre le courant de la vapeur,
et l'action de la vapeur sur elles donne lieu à un frein puissant.
Un brusque changement de marche se fait sentir assez dure-
ment sur la turbine et donne lieu parfois à des vibrations très
fortes.

Mise en route. — La mise en route se fera de la façon
suivante :

1° Ouvrir tous les orifices de purge, faire fonctionner
lentement la pompe à air humide ; 2° admettre de la vapeur
sous faible pression dans les boîtes d'étanchéité, jusqu'à ce que
la pression indiquée au manomètre y marque la tension
normale, soit de $0^{kg},07$ à $0^{kg},14$; 3° vérifier le jeu à froid longitudinal et périphérique ; 4° réchauffer la turbine en admettant
de la vapeur à pression réduite ; 5° vérifier les jeux à chaud ;
6° démarrer en admettant progressivement la pleine pression.

Manœuvre du navire. — Elle se fait au moyen du servo-
moteur, qui permet, ainsi que nous l'avons vu, d'admettre la
vapeur à pleine pression, soit directement sur les turbines

basse pression, soit sur le renversement de marche. Dans les
deux cas, la turbine haute pression tourne (dans le vide) sous
l'influence de la réaction de l'eau sur l'hélice. Mais, au point
de vue manœuvre, cette rotation n'a qu'un effet négligeable.

Les combinaisons réalisables au moyen de l'installation à
trois arbres consistent surtout à faire tourner en avant une des
turbines basse pression et en arrière l'autre turbine basse
pression, ce qui assure un virage rapide bord sur bord du
navire et facilite les manœuvres de rade ou de port.

Avec les installations à quatre arbres qui sont adoptées,
avons-nous dit, pour les nouveaux cuirassés, le nombre des
combinaisons est plus élevé.

Les appareils comprennent, fonctionnant en série, de
chaque bord : sur l'arbre intérieur, une turbine principale à
basse pression, et en avant de celle-ci une turbine de croisière ;
en arrière, dans la même enveloppe, une turbine de renversement. Sur l'arbre extérieur est la turbine de haute pression
de marche avant, et en arrière, séparée de celle-ci, est une
turbine de renversement de marche. La turbine de croisière
qui est sur l'arbre intérieur de tribord est à haute pression, et
celle qui est sur l'arbre de bâbord est à moyenne pression.
Celle-ci est de dimensions un peu plus grandes que l'autre.
Ces deux turbines sont disposées en série.

L'on obtient ainsi les combinaisons suivantes : pour la
marche avant, la vapeur est admise, comme il a été dit déjà
à la turbine de haute pression, d'où elle passe à celle de basse
pression de l'autre arbre latéral. Pour la marche arrière, la
vapeur est admise à la turbine haute pression de renversement de marche qui est sur l'arbre extérieur ; de là elle passe
à la turbine de renversement qui est en arrière de la basse
pression sur l'arbre intérieur.

Pour les croisières, l'on dispose de deux vitesses : une
vitesse faible, quand on admet directement à la turbine de
croisière à haute pression, placée sur l'arbre de tribord et qui
est de plus petites dimensions, et une vitesse plus grande
quand on admet directement la vapeur à pleine charge à la

turbine de croisière à moyenne pression qui est sur l'arbre intérieur de bâbord. En marche normale (de croisière), la vapeur est admise directement à la turbine de croisière haute pression ; de là elle passe de pression réduite à celle de moyenne pression. De cette turbine la vapeur est dirigée à la haute pression de marche avant, d'où elle passe à la basse pression, et évacue en dernier lieu au condenseur. Cette dernière admission à la haute pression n'a pour but que d'utiliser encore quelque force vive, contenue dans la vapeur non complètement détendue, et de l'utiliser non point pour aider à la propulsion du navire, mais seulement pour entraîner l'arbre extérieur et réduire les résistances du fait de son remorquage dans l'eau (voir les croquis de l'installation à quatre arbres).

Réglage de la vitesse. — Le mécanicien règle la vitesse d'après les indications du transmetteur d'ordres, uniquement au moyen des lectures des tachymètres et manomètres.

A cet effet le parquet de commande est disposé pour permettre la lecture rapide et simultanée des cadrans suivants :

Autant de tachymètres qu'il y a de lignes d'arbres :

Pression de vapeur sur la conduite générale de vapeur ;

Pression à l'admission de la turbine haute pression ;

Pression aux deux turbines basse pression, marche avant ;

Pression aux deux turbines basse pression, marche arrière ;

Indicateurs de vide des deux condenseurs.

Ainsi le nombre total des cadrans ressort, pour une installation à trois arbres, à onze ; nous ne parlons pas des indicateurs accessoires, pression d'huile, circulation d'eau, etc.

Service d'huile. — Nous avons dit que le graissage des paliers était assuré par circulation continue d'huile sous pression (environ $0^{kg},6/0^{kg},7$) : sortant des paliers, l'huile se rend à un filtre où elle est purgée des matières solides en suspension, puis à un réservoir où elle se refroidit et où la pompe de circulation la reprend pour la renvoyer aux paliers.

La pression sur les paliers des turbines n'est représentée

que par le poids de l'arbre et du tambour, avec l'addition, assez négligeable dans une turbine de cette nature, de l'action gyroscopique. On peut admettre qu'elle est de 5 à 6 kilogrammes par centimètre carré, tant que la vitesse des surfaces en frottement ne dépasse pas 9 mètres par seconde. Avec de plus grandes vitesses il faudrait réduire la pression de manière à ce que le produit de la charge en kilogrammes par centimètre carré, par la vitesse en mètres par seconde, soit compris entre 52 et 55.

La chaleur due au frottement sur la portée, ajoutée à celle venant de la conductibilité de la matière, a fait adopter un service d'eau pour le refroidissement.

Autant que possible la température aux paliers ne devrait pas dépasser de 60 à 65° C. L'auteur pourtant a eu connaissance de cas où une température de 88° a pu se produire sans inconvénients. Dans les turbines marines, cette température est ordinairement moins élevée.

Le service d'huile doit faire l'objet d'une surveillance de tous les instants, car nous avons vu toute l'importance que pourrait prendre un accident aux paliers. Si l'un d'eux vient à chauffer de façon exagérée, le revêtement antifriction peut fondre, amenant une dénivellation qui aura pour résultat la destruction d'une partie de l'ailetage.

La température des paliers doit donc être surveillée, ainsi que la circulation d'huile et d'eau, ce qui se fait aisément pour ceux-ci par la lecture des manomètres, qui décèleraient immédiatement tout arrêt dans la circulation.

La chaleur spécifique de l'huile est élevée : 0,36 environ, et elle est assez difficile à refroidir ; le volume du réservoir devra être assez considérable pour que l'huile y séjourne assez longtemps pour subir un refroidissement effectif. Enfin l'huile perd assez rapidement ses qualités lubrifiantes, aussi fera-t-on bien de ne pas se servir trop longtemps de la même huile.

Indicateurs du sens de rotation de l'arbre. — Pour certifier le sens de rotation de la turbine et de l'arbre auquel

elle est accouplée, on dispose assez souvent à l'avant du palier
de butée un indicateur du sens de rotation, qui est simplement
constitué par une glace derrière laquelle tourne l'extrémité
du tourillon. Sur celui-ci sont tracées des flèches peintes qui
montrent dans quel sens se fait le mouvement. Des flèches
extérieures avec les mentions « en avant », « en arrière »,
sont peintes sur le bâti et certifient de la sorte dans quel sens
le navire évolue.

Usure générale. — L'usure générale d'une turbine est
très faible ; les principaux points où se produisent des frottements et qui sont, par suite, exposés à l'usure sont : les ailettes,
les paliers, les butées, les anneaux des joints étanches.

Ailettes. — Cette usure est pratiquement nulle : après des
années de service, on n'observe d'autre modification aux
ailettes qu'un brunissement du métal dû à l'action de la vapeur
à haute température sur le laiton. Aucune trace d'érosion ;
on peut donc dire que la friction de la vapeur, surtout si elle
est sèche, ne produit aucune usure.

Paliers-supports. — En raison de la grande surface adoptée
et de la circulation d'huile, l'usure est très faible ; après plusieurs années de marche, elle se chiffre par $0^{mm},05/0^{mm},075$.
En outre, on constate que cette usure peut se constater aussi
bien sur le coussinet du haut que sur celui du bas, et quelquefois même uniformément, ce qui démontre que, dans une
turbine bien équilibrée dynamiquement et bien montée, le
rotor « flotte » effectivement dans ses paliers.

Palier de butée. — L'usure est encore plus faible que dans
les paliers usuels, ce qui s'explique par ce que nous avons dit
de l'antagonisme entre la poussée de l'hélice et celle de la
vapeur dans la turbine, qui ne laisse supporter à la butée une
forte pression que pendant les manœuvres et le stoppage. On
constate, au démontage du palier, que les surfaces respectives

des bagues et des collets se sont glacées ; après deux ans de service courant, l'usure atteint $0^{mm},05$ seulement.

Joints étanches. — C'est le point qui demande le plus d'entretien. On constate rapidement, au bout de quelques mois de fonctionnement, des marques d'usure sur les bagues en laiton qui frottent contre les collets des tourillons. En outre, à la suite de rupture d'une de ces bagues, des débris métalliques peuvent s'introduire dans la turbine et provoquer des dégâts dans l'ailetage. Il est donc bon de vérifier de temps à autre l'état de ces bagues et de les entretenir soigneusement.

Anneaux du labyrinthe. — Bien qu'en principe les anneaux ne frottent pas sur les collets, on constate parfois une usure anormale de ces anneaux, qui est due à l'action de meulage produite par des particules d'oxyde détachées de certains points de l'enveloppe attaquées par corrosion. Cette corrosion est le plus souvent d'origine électrochimique, un couple naissant par le contact de deux métaux différents (laiton, acier) en présence de l'humidité apportée par la condensation de la vapeur dans le labyrinthe, et dans certaines conditions de température. On fera bien de vérifier périodiquement l'état des anneaux.

Avaries. — Les principales causes d'avaries dans les turbines peuvent être classées comme suit :

Avaries au labyrinthe compensateur. — Les anneaux peuvent être mis hors service pour l'une des raisons suivantes : 1° usure anormale des paliers ; 2° déplacement du rotor en avant ; 3° jeu insuffisant pour la dilatation. Comme l'on voit, c'est surtout par le contact avec les collets du tourillon que périssent les anneaux du labyrinthe.

Avaries à l'ailetage. — Nous avons déjà énuméré quelques-unes de leurs causes. Ce sont : usure anormale des paliers ; 2° jeu périphérique de dilatation insuffisant ; 3° coups d'eau.
La première cause est de toutes la plus fréquente ; nous ré-

pétons qu'on ne saurait trop apporter d'attention à la surveillance du service d'huile, car la plupart des avaries constatées
ont été occasionnées par un accident aux paliers, accident qui
provenait lui-même d'un arrêt de la circulation d'huile. Il faut
remarquer en effet qu'en ordre de marche la dilatation du rotor
est plus grande que celle de l'enveloppe, d'où il résulte que le
jeu périphérique normal est encore réduit et que le moindre
dénivellement peut provoquer de sérieux dégâts.

Enfin, en ce qui concerne les coups de bélier que peuvent
produire les entraînements d'eau, on peut les annihiler en
partie en disposant des séparateurs sur l'admission, ou mieux
encore, en faisant usage de la surchauffe.

Corrosion interne. — L'un des inconvénients les plus
notoires qu'on ait rencontrés dans la pratique des turbines
réside dans la corrosion de l'ailetage. Cette corrosion — une
oxydation — est due indubitablement à la présence d'oxygène
de l'air provenant de l'eau des chaudières, ou plutôt, dans les
turbines basse pression, de rentrées d'air à la boîte d'étanchéité.
Elle a lieu après l'arrêt des turbines, alors que la vapeur se
condense sur l'enveloppe par refroidissement; en présence de
cette humidité, la fonte est attaquée.

L'on a essayé de tout contre ce fâcheux inconvénient qui
amène une destruction rapide de l'ailetage sous l'influence de
l'action limante des particules d'oxyde de fer; le procédé qui
assure les meilleurs résultats consiste à dessécher les turbines
après arrêt au moyen d'une aération abondante de la turbine
encore chaude par l'ouverture de soupapes ou portes prévues
à cet effet.

Il est donc utile de surveiller, par un démontage général,
l'état de l'ailetage et de la paroi interne de l'enveloppe.

Vibrations. — L'absence des vibrations dans un navire est
recherchée pour deux raisons importantes : le souci de réduire
au minimum la fatigue de la coque, et le souci de la confor-
tabilité dans les navires à voyageurs.

L'absence de masses en mouvement alternatif dans les turbines réduit à zéro les réactions dynamiques habituellement constatées à bord avec les machines à piston; aussi les vibrations de la coque sont-elles réduites au minimum par l'emploi des turbines, et ce n'est pas là leur moindre avantage. Toutefois on observe une vibration assez intense des propulseurs, due surtout à l'utilisation d'arbres multiples; nous nous expliquerons plus complètement à ce sujet dans un chapitre ultérieur.

Si les réactions alternatives sont supprimées, par contre on observe un nouvel effet dynamique, l'effet gyroscopique, que l'on a souvent cité, et sur lequel il convient de s'expliquer.

Effet gyroscopique. — Au moment de la perte des contre-torpilleurs anglais *Viper* et *Cobra*, tous deux à turbines, et du dernier, notamment, qui sombrait en mer, rompu par le travers, on parlait beaucoup de l'action gyroscopique des parties tournantes des turbines, et certains se demandaient si ce n'était pas là la cause directe de cet événement tragique.

Nous croyons devoir donner à ce sujet l'intéressant exposé publié par M. Hart[1].

« ... L'effet gyroscopique, dit M. Hart, quand on considère une turbine unique, existe certainement, et l'on rencontre une résistance, si l'on tend à déplacer rapidement la direction de l'axe de rotation. Mais cet effet n'a guère d'importance, à bord des navires mus par des turbines, qu'au point de vue des paliers et fusées des arbres des turbines, ainsi que de la fatigue locale des points d'attache de ces paliers sur la coque.

« En ce qui concerne la fatigue de la coque en cas de déplacement rapide de l'axe du navire, par une cause quelconque, tangage, roulis ou giration, les conséquences de l'action gyroscopique ne paraissent pas avoir l'importance qu'on a voulu lui attribuer.

1. *Les Turbines à vapeur, et spécialement les Turbines Parsons, leur application à la propulsion des navires*, par M. Hart, ingénieur, attaché au chemin de fer du Nord.

« En réalité, dans le cas du *Cobra*, la construction de la coque était trop légère, surtout étant donné qu'il avait fallu augmenter le poids des chaudières pour suffire à la dépense de vapeur nécessitée par l'énorme puissance développée, et c'est par le travers des chaufferies que s'est produite la rupture, sous l'effet d'un coup de tangage violent ou du choc d'une forte lame dans la partie milieu.

« Ce ne sont pas les seuls destroyers anglais qui soient dans ce cas. Un certain nombre de navires similaires munis de machines alternatives [moins puissantes ont aussi donné des signes analogues de flexion. Ces avaries ont été si fréquentes dans ces derniers temps, que l'Amirauté a décidé de faire, en cale sèche, une série d'expériences de flexion de la coque pour s'assurer de la solidité de celle-ci en sacrifiant au besoin un de ces navires.

« Il semble donc que c'est dans la faiblesse de la construction des coques du *Cobra* et du *Viper*, plutôt que dans l'effet gyroscopique des turbines qu'il faut rechercher la cause principale de leur perte.

« L'effet gyroscopique mérite cependant d'être étudié de près, car il peut amener des fatigues locales de la coque, surtout si celle-ci est légère et les turbines puissantes.

« Si l'on considère une turbine unique fonctionnant à sa vitesse normale et qu'on essaye de déplacer rapidement la direction de son axe de rotation, il se produira certainement sous les paliers et le bâtis des réactions qui seront loin d'être négligeables et qui tendront, si rien ne s'y oppose, à maintenir l'axe de rotation dans sa direction primitive.

« Il faut donc, pour calculer les paliers et les portées de l'arbre, tenir compte de ces efforts dans les turbines destinées au service de mer, où les changements de direction sont fréquents et quelquefois très brusques ; mais l'influence de ces efforts sur la fatigue générale de la coque ne peut être qu'assez minime, surtout s'il s'agit d'un navire d'un certain tonnage.

« Dans les navires mus par les turbines, celles-ci constituent, en effet, deux systèmes de pièces rotatives symétriques, par rapport à l'axe longitudinal du navire et tournant en sens inverse l'un de l'autre.

« Quand l'appareil moteur comprend deux systèmes absolument symétriques à tribord et à bâbord, les efforts gyroscopiques, comme l'a fait remarquer M. Hiram Maxim, ayant des moments égaux et de signes contraires, tant dans le plan vertical que dans le plan horizontal, s'équilibrent parfaitement, si les vitesses de rotation des deux systèmes sont égales.

« L'axe du navire et, par suite, la coque, ne sont donc soumis à aucun effort gyroscopique tendant à maintenir leur direction constante.

« Si les vitesses sont, au contraire, différentes, alors apparaît un véritable couple gyroscopique, mais son intensité est assez faible, car l'effort qu'il exerce n'est que la différence des efforts gyroscopiques développés par les deux systèmes en mouvement.

« Quand la disposition du moteur comprend une turbine haute pression placée dans l'axe du navire et des turbines basse pression latérales, les résultats sont peu différents.

« Si les effets gyroscopiques des turbines basse pression s'équilibrent, celui de la turbine haute pression reste entier; mais il est alors relativement faible, parce que la turbine haute pression, en raison du plus petit diamètre de ses disques mobiles et de leur moins grand nombre, est généralement peu lourde. De plus, l'effort développé est placé dans l'axe même du navire.

« Si, pour fixer les idées, on considère, par exemple, une turbine dont la partie tournante pèse 10 tonnes, fonctionnant à 1.000 tours, montée sur un navire de 80 mètres de long, et qu'on suppose celui-ci donnant par seconde un coup de tangage de 4 mètres à l'avant et 4 mètres à l'arrière, soit en tout 8 mètres, on aura, pour expression du couple gyroscopique, dans ces conditions beaucoup plus défavorables que la réalité :

7.

formule dans laquelle :

P, poids de la partie tournante : 10.000 kilogrammes ;

ρ, rayon de giration de la partie tournante : $0^m,70$;

υ, vitesse angulaire de rotation :

$$\frac{2\pi n}{60} = 104,7;$$

V, vitesse angulaire de déplacement de l'axe de rotation :

$$\frac{8}{80} = 0,10;$$

n, nombre de tours par minute ; d'où :

$$C_g = \frac{10000 \times 0,70 \times 104,7 \times 0,10}{9,8081} = 7.472 \text{ kilogrammètres.}$$

« C'est-à-dire que l'effort gyroscopique sera tout à fait comparable aux efforts que développent les forces d'inertie dans les machines alternatives.

« La répartition de ces efforts sur les paliers et les liaisons avec la coque ne peuvent donc provoquer que des fatigues locales assez faibles, et son effet sur la fatigue générale de la coque, lors des déplacements angulaires de celle-ci, est encore plus négligeable, surtout s'il s'agit d'un navire de certaines dimensions.

« L'importance en effet de cet effort diminue rapidement avec la taille des navires, les dimensions linéaires de ceux-ci croissant beaucoup plus vite que le poids et les dimensions des turbines.

« En résumé, l'effet gyroscopique à considérer dans le calcul des paliers, portées et points d'attache des turbines sur la coque, est très faible en ce qui concerne la fatigue générale de celle-ci, et, si les dispositions locales de fixation des turbines sur la charpente des navires sur le navire sont bien étudiées, la coque ne doit pas supporter, dans le cas de tangages et de roulis excessifs ou rapides, de fatigue plus exagérée qu'avec les machines alternatives.

« Peut-être même la fatigue sera-t-elle moindre, car, avec les turbines, il ne peut y avoir de variations de vitesse de rotation aussi importantes qu'avec les machines alternatives, quand les propulseurs émergent. De plus, le diamètre plus petit de ceux-ci et leur position plus rapprochée du milieu du navire viennent encore diminuer leurs chances d'émersion et, par suite, la fatigue de la coque, qui peut être la conséquence de leur emportement. »

Le poids des turbines et machines à piston. — La question du poids des turbines, par rapport à celui des machines alternatives, est de celles qui ont été bien des fois soulevées. Elle a été examinée dans un mémoire lu par MM. Parsons et Risdall au Congrès de la Navigation de Bordeaux en 1907. Les conditions qui règlent la variation des poids y sont assez différentes. Avec les machines alternatives il est une limite à la vitesse du piston, tandis que, pour les turbines, cette limite est dans la moindre surface propulsive et dans la vitesse de rotation qui, de son côté, impose le nombre de tours maximum. Ces conditions agissent, dans l'un et l'autre cas, de manières très différentes. C'est ainsi qu'avec les machines alternatives il n'y a nul avantage à serrer de trop près la plus grande vitesse que puisse avoir le piston, tandis que, pour les turbines, non seulement les poids diminuent à mesure que l'on approche du plus grand nombre de tours, c'est-à-dire de la plus grande vitesse circonférentielle possible, mais aussi le rendement augmente. De plus, la durée d'une machine alternative conseille de ne pas avoir recours à une trop grande vitesse du piston. Avec les turbines c'est l'inverse qui a lieu, puisqu'un nombre de tours plus grand a pour résultat des dimensions moindres, ce qui contribue à la bonne installation générale des appareils.

Il y a ceci de remarquable encore, qu'avec les turbines, pour une vitesse, une puissance et un rendement donnés, il n'y a que très peu de variation dans les poids, qu'elles soient pour des navires de commerce ou pour des bâtiments de combat. Mais il n'en est plus de même avec les machines alternatives dont les poids varient considérablement en allant de l'un à l'autre type. C'est ainsi que, si nous prenons un grand croiseur et un courrier transatlantique de même puissance et de même vitesse, nous voyons que les machines du second pèsent 50 0/0 de plus que celles du premier.

Si nous mettons maintenant des turbines dans chacun de ces deux navires, nous verrons que la puissance totale pourra être obtenue avec des poids qui seront à peu près les mêmes sur le courrier comme sur le croiseur. Il est vrai que sur le navire de guerre l'installation complète comprend généralement l'addition de turbines de croisière destinées à la vitesse réduite et, de ce fait, le poids total se trouve donc être plus élevé dans le navire de guerre. On ne tient cependant pas compte, dans ce qui précède, de ce que les condenseurs, les tuyautages et la machinerie auxiliaire sont toujours plus lourds sur les navires marchands.

Avec les turbines, les poids varient considérablement avec les vitesses du navire. Les turbines, en effet, sont bien plus lourdes pour les petites vitesses que pour les vitesses élevées.

Quand on compare les prix et les poids des turbines à ceux des machines alternatives, l'on s'aperçoit que prix et poids des installations à turbines commencent à dépasser ceux des machines ordinaires à peu près lorsque la consommation de vapeur devient, pour la turbine, trop élevée pour un emploi pratique. C'est à partir du point où les conditions propulsives et la vitesse du navire déconseillent cet emploi. A l'heure actuelle, et dans toutes ses applications sur des navires marchands, la turbine, pour une même vitesse de navire, est plus légère que les machines alternatives. Dans certains cas, l'économie de poids a dépassé 30 0/0, tandis que dans d'autres, pourtant, les poids étaient à peu près les mêmes.

Sur les cuirassés et les croiseurs les appareils à turbines sont ou de même poids ou de poids un peu moindres que ceux des machines alternatives. Ce n'est que sur les navires de la catégorie des destroyers que les machines reprennent, au point de vue du poids, l'avantage sur les turbines. Et encore peut-on dire que, sur ces navires, les machines alternatives sont plus légères, c'est vrai, mais si frêles, qu'elles n'ont qu'une capacité assez limitée de marche à toute puissance, et qu'elles ne peuvent fonctionner à grande vitesse qu'à l'aide de soins attentifs et continus. Il n'en est plus du tout de même des turbines des destroyers et des torpilleurs, car elles ne réclament nullement les mêmes soins et sont toujours prêtes, aussi bien que celles des plus grands navires, à fonctionner à toute puissance de façon continue.

Il a été dit plus haut que les poids des turbines ne sauraient beaucoup varier lorsque leurs conditions demeurent constantes. Mais ceci ne peut être vrai que tout autant que n'interviendront pas des essais à froid à des charges excessives ou des pressions trop fortes aux chaudières. L'on a trouvé, en effet, que les pressions employées, en ces derniers temps, pour les machines alternatives, sont beaucoup trop élevées pour donner avec des turbines les résultats les plus économiques et les meilleurs.

Mais il convient d'appeler l'attention sur l'influence des essais à froid à des pressions d'où peut dépendre, en moyenne, de 40 à 45 0/0 de poids en plus ou en moins. Et, comme cette quantité varie en raison directe des pressions employées pour des efforts égaux, on voit combien le poids total des turbines peut dépendre des pressions des chaudières.

Dans la détermination de la charge à laquelle devra être fait l'essai à froid de l'enveloppe des turbines, on ne devrait exiger que ce qui est nécessaire et non appliquer tout uniment les règles employées pour les cylindres des machines alternatives. Ces cylindres, en effet, sont soumis à des efforts inconnus venant parfois de la présence d'une certaine quantité d'eau, alors qu'avec les turbines il est impossible que le système ait, à aucun moment, à supporter une pression plus élevée que celle des chaudières. Les turbines constituent, en réalité, comme autant de tubes ouverts, de forme évasée, aboutissant au condenseur qui, de son côté, est, par la pompe à air, en communication avec l'atmosphère. Quand on tient compte de la chute de pression qui se produit tout le long du système, on voit qu'il n'est aucune raison d'appliquer à ces essais plus qu'une pression s'élevant de quelque peu au-dessus de celle de la vapeur traversant chaque turbine. Les essais à des pressions trop élevées ne sont pas à recommander non plus pour une autre raison encore : c'est que, lorsqu'ils ont lieu après alésage des enveloppes, ils peuvent avoir pour résultat des efforts sur la matière donnant lieu à des déformations auxquelles il ne pourra plus être remédié.

La question des condenseurs aussi mérite une attention spéciale, à cause de la détente plus grande sur laquelle le fonctionnement des turbines est établi. Un bon vide est ici bien plus essentiel qu'avec les machines alternatives et, ce qui ajoute à la difficulté dans l'étude des proportions d'un appareil à turbines, l'on est souvent limité par des considérations de poids et d'espace. Il convient pourtant que les condenseurs, comme les pompes à air et de circulation, soient établis de manière à pouvoir assurer le vide le plus élevé qu'il soit possible d'obtenir.

Avantages généraux des turbines à vapeur marines. — Les turbines à vapeur présentent sur les machines alternatives ordinaires, les avantages suivants :

1° Nombre de pièces en mouvement plus réduit, absence de bielles, distribution, etc. ; 2° rendement organique plus élevé résultant de l'absence d'organes intermédiaires entre le fluide moteur et l'arbre ; 3° moindres chances d'avaries du fait du nombre réduit d'organes. Il en résulte une grande sécurité de fonctionnement accrue encore par le fait de l'adoption de plusieurs arbres d'hélice, de sorte que, si l'un d'eux vient à être immobilisé, le navire peut néanmoins marcher par les moyens du bord ; 4° poids et encombrement de la machinerie moindres, à égalité de puissance ; 5° abaissement du centre de gravité général, les machines étant placées très bas ; 6° absence de toute vibration dans la coque ; 7° aux grandes vitesses, obtention d'une vitesse plus considérable, à égalité de consommation de vapeur, avec la turbine.

Toutefois, il convient de dire que, si la turbine est plus économique que la machine à piston en pleine vitesse, le fait est inverse pour les vitesses réduites ; c'est qu'en effet les turbines présentent leur minimum de consommation pour une vitesse de régime déterminée, et, au dessous, cette consommation augmente assez rapidement, alors que, dans les machines à piston, l'emploi de détentes variables permet de conserver dans une certaine mesure l'économie de consommation aux vitesses réduites.

Certains types de turbines, où l'admission partielle automatique est pratiquée, comme par exemple les turbines Curtis, échappent à cette critique.

La surface occupée en projection par les turbines est comparable à celui des machines alternatives, mais en hauteur ; l'encombrement est beaucoup faible. Enfin, l'on peut encore invoquer, en faveur des turbines, la moindre consommation d'huile de graissage, le personnel plus restreint nécessaire pour la surveillance, et l'absence d'huile dans les eaux de condensations, ce qui est d'un gros intérêt pour le bon fonctionnement des générateurs de vapeur.

Conclusion sur l'avenir des turbines marines. — Telles qu'elles sont actuellement, les turbines ne s'appliquent pas encore à toutes les catégories de navires. Elles n'ont pu, notamment, pénétrer encore jusqu'aux bâtiments de servitude et aux cargo-boats de marche lente. Mais il est certain que bien des améliorations sont à réaliser encore, et, étant donnés les progrès accomplis et le chemin parcouru en quelques années seulement, on peut tenir pour non exagérée la confiance de ceux qui proclament que la turbine est le moteur de l'avenir.

En attendant que la turbine remplace les machines alternatives sur les navires de petite vitesse et sur les cargo-boats, on conseille, sur ces navires, de l'associer à celles-ci. Dans cette combinaison la turbine prendrait, en attendant mieux, le rôle modeste d'auxiliaire, utilisant la vapeur d'échappement de la machine alternative. C'est-à-dire que l'on installerait une machine alternative fonctionnant dans les limites de pression les plus favorables pour elle, et la turbine placée entre la machine alternative et le condenseur utiliserait la vapeur que l'autre ne peut pas employer économiquement.

Dans un mémoire présenté au Congrès international de Bordeaux, MM. Parsons et Ridsdall estiment que, sur des navires de 15 nœuds et au dessous, cette combinaison pourrait donner, sur les meilleures machines à triple expansion, une économie de charbon de 10 à 20 0/0, suivant le type de navire sur lequel elle serait installée. La dépense première serait la même que celle des machines à quadruple expansion de même puissance totale, et le poids de machinerie serait moindre.

* *
*

L'avenir de la turbine à vapeur marine apparaît donc comme considérable, et c'est certainement le plus gros événement dans l'histoire moderne de la navigation à vapeur que l'introduction de ce nouveau type de moteur.

C'est une véritable révolution apportée dans les moyens de propulsion, qui aura une heureuse répercussion à bref délai sur le propulseur lui-même, qu'on arrivera à rendre apte à supporter les grandes vitesses de rotation. Ce jour-là, le triomphe de la turbine sera définitif.

Il semble peu probable que le moteur à explosion, qui a dévoilé ses remarquables qualités pour la petite navigation, puisse rivaliser avant longtemps avec la turbine, car il conserve tous les inconvénients — parfois même aggravés — qui ont permis à la turbine de supplanter aussi rapidement la machine à piston.

PARTIE III

APPLICATIONS, DONNÉES PRATIQUES, RÉSULTATS

I

HISTORIQUE DE L'APPLICATION
DE LA TURBINE A LA PROPULSION DES NAVIRES

Nous ne saurions mieux faire, pour mettre sous les yeux du lecteur l'évolution de la turbine marine, que d'emprunter au magistral mémoire publié par M. Eveno sur les turbines marines dans le *Bulletin technologique des Arts et Métiers*, le passage relatif à l'historique de cet appareil, montrant ses progrès successifs dans la Marine marchande d'abord, puis dans la Marine de guerre.

Essais préliminaires et développement de la turbine de navigation. — Bien que les deux premiers types de turbines à vapeur n'aient été réalisés industriellement que dans ces vingt dernières années, le premier par M. Parsons, et le second par M. de Laval quelques années après, il n'est que juste de rendre hommage de l'idée première au français Tournaire. Dans une conférence de la Société des Ingénieurs civils de Londres, en juin 1903, M. Rateau a fixé ce point d'histoire en ces termes : « L'idée de ce type de moteur germait déjà dans le cerveau de plusieurs inventeurs, et parmi eux l'ingénieur français Tournaire a droit à une mention spéciale, ayant, en 1853, indiqué la possibilité de la réalisation de la turbine à vapeur. La disposition indiquée par Tournaire est presque exactement celle qu'a développée, trente-deux ans après, M. Parsons avec, il est vrai, quelques ingénieuses améliorations. »

Après cet hommage au génie spéculatif, il n'est que juste de reconnaître la part qui revient au génie industriel de M. Parsons, surtout en constatant que l'application de la turbine à la navigation est une des plus importantes transformations de la Marine de nos jours.

Les premières tentatives datent de 1894. A cette époque, M. Parsons, ayant réussi à constituer un syndicat sous le nom de *Marine Steam Turbine Cⁱ*, entreprit aussitôt la construction de la *Turbinia*, afin d'étudier toutes les questions ayant trait à l'application de la turbine à vapeur à la propulsion des navires. La *Turbinia* est un petit bâtiment de 30 mètres, d'un déplacement de 45 tonneaux, dont les formes rappellent celles des torpilleurs. Tout d'abord M. Parsons fit un essai avec une seule turbine conduisant une seule hélice. Le moteur pouvait, à 2.500 tours, fournir une puissance de 1.500 chevaux. Les résultats furent mauvais. A l'aide du dynamomètre il fut reconnu que l'hélice gaspillait une grande partie de l'énergie fournie par le moteur. Dès lors M. Parsons entreprit une série d'expériences méthodiques sur de petites hélices qu'il fit tourner dans un bac rempli d'eau, dont il put minutieusement observer le fonctionnement, grâce à la concentration des rayons lumineux d'une lampe à arc réfléchis par un miroir ingénieusement disposé. Dans ces expériences il fut constaté que, lorsque la vitesse de l'hélice atteint celle que prendrait l'eau, dans le vide, sous la pression atmosphérique augmentée de la hauteur d'immersion, l'eau n'accompagne plus le dos de l'aile ; des cavités remplies d'air se forment alors, d'abord vers l'extrémité de l'aile, puis, le nombre des tours augmentant, se propagent sur toute la surface du dos jusqu'au moyeu. Le recul s'accroît alors rapidement, ce qui s'explique par la dépression du fluide dans lequel l'hélice se meut. Ce phénomène, désigné sous le nom de « cavitation » et observé directement pour la première

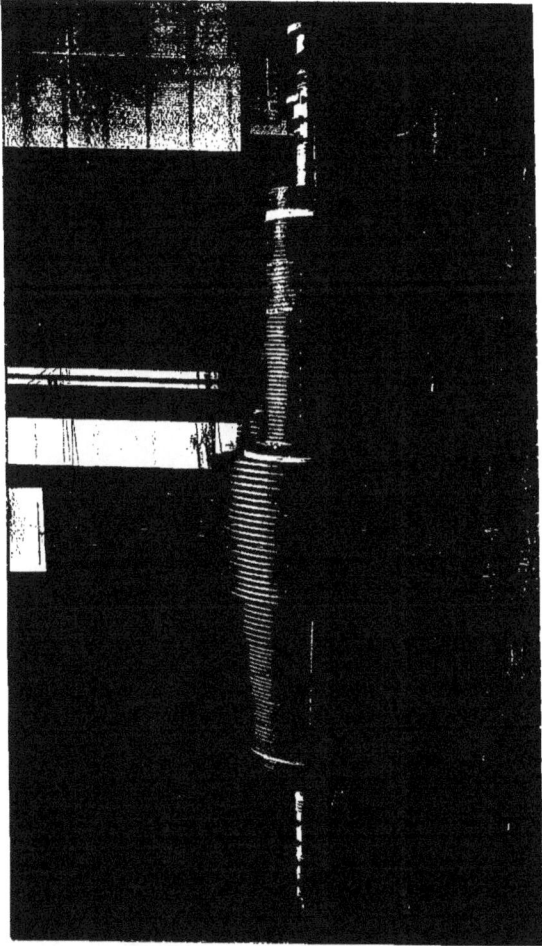

Le rotor à basse pression du destroyer *Viper* en place dans la moitié inférieure de son enveloppe.

(Page 106 *bis*.)

Rotor à basse pression du destroyer *Viper*.

(Page 106 *ter.*)

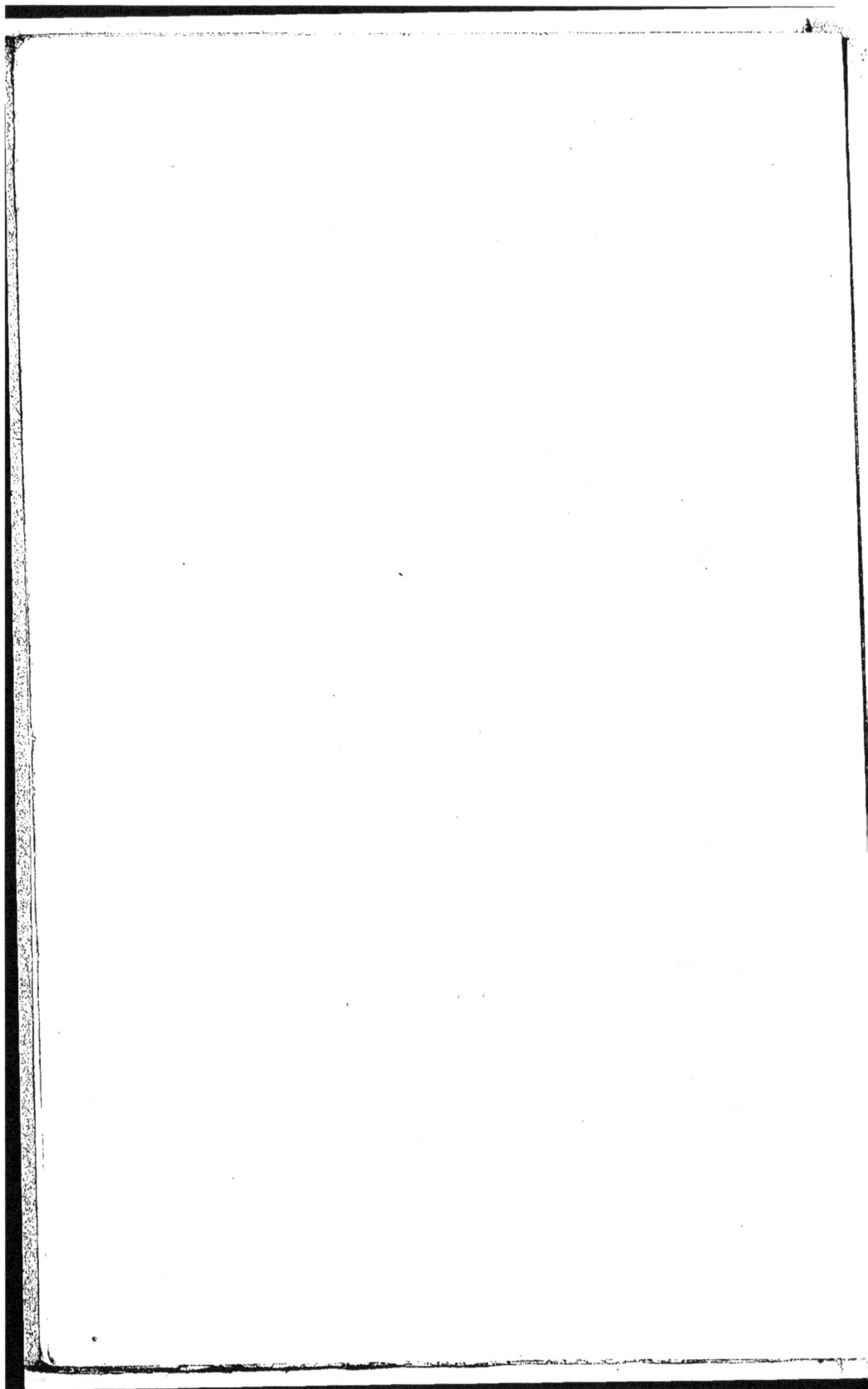

fois par M. Parsons, était néanmoins déjà connu, dans ses effets, et M. Normand l'avait noté vers 1893, en le désignant sous le nom de « rupture des cylindres d'eau aspirés » à la suite d'essais au point fixe. Cela explique aussi les désamorçages que l'on constate à bord, quelquefois, lorsque les pompes de circulation tournent trop vite. On y trouve aussi la justification des hypothèses faites pour expliquer le mauvais rendement de certaines hélices.

La nécessité de ne pas dépasser une certaine vitesse de l'extrémité des ailes une fois établie, M. Parsons remania la machinerie de la *Turbinia*. Il divisa la force motrice en trois turbines, actionnant chacune trois hélices, montées sur le même arbre, à une certaine distance les unes des autres. Il y eut donc en tout neuf hélices, ayant chacune un diamètre de $0^m,458$ et un pas de $0^m,610$. Durant les deux années qui suivirent, trente et un essais furent faits, après modifications successives, jusqu'à ce qu'enfin, en avril 1897, l'inventeur eût obtenu la belle vitesse de $34^n,5$, en conservant la disposition de trois turbines, qui fut adoptée définitivement ensuite pour tous les navires de la flotte commerciale, et aussi la répartition de la surface propulsive à raison de trois hélices par arbre (que de nouveaux essais entrepris plus tard, en 1903, firent remplacer avantageusement par une hélice unique).

Cependant avec ses neuf hélices la *Turbinia* obtint, en 1897, la vitesse moyenne de $31^n,5$ dans un essai prolongé de deux heures, avec une moyenne de 2.100 tours. Une turbine spéciale, attelée sur l'arbre central, donnait la marche arrière. C'est dans ces conditions que la *Turbinia* se montra à Paris, au cours de l'Exposition de 1900.

L'Amirauté anglaise, intéressée au plus haut point, et pressentant le parti qu'elle pouvait tirer de l'application du nouveau moteur marin aux bâtiments de guerre, voulut posséder un ou deux navires rapides à turbines Parsons, afin d'en faire l'étude pour son propre compte. C'est ainsi qu'elle acquit successivement les contre-torpilleurs *Viper* et *Cobra*, qui se perdirent l'un après l'autre en août et septembre 1901, avant qu'on pût se livrer aux expériences qu'on avait en vue. Ces petits bâtiments avaient été construits beaucoup trop légèrement, eu égard à leur grande longueur. L'insuffisance de résistance de la coque fut officiellement constatée, et le système de propulsion par les turbines fut mis hors de cause. Peu après, l'Amirauté fit construire le *Velox*. Les expériences faites sur les premiers navires à turbines avaient fait ressortir que, si la consommation de charbon aux grandes allures paraissait satisfaisante, il n'en était pas de même dès qu'on tombait au-dessous de 15 nœuds. Ce point est très important à considérer pour un navire de guerre dont l'allure la plus ordinaire, dans les croisières, est d'environ 12 nœuds ; et, en Angleterre comme en France, on inclinait à penser qu'un système mixte pouvait donner satisfaction : les turbines pour les vitesses élevées, et la machine alternative pour les vitesses modérées et les manœuvres. En France, M. Rateau, qui avait construit pour le torpilleur *243* un jeu de turbines de son système, dérivé de la turbine de Laval, venait de fournir pour un torpilleur anglais construit dans les chantiers Yarrow, un autre jeu composé de deux turbines conduisant les arbres extérieurs, tandis que l'arbre central est actionné par un moteur alternatif vertical à triple expansion, qui devait être utilisé seul pour les vitesses inférieures à 15 nœuds et aussi pour toutes les manœuvres. M. Rateau estimait, alors, que l'avenir de la turbine était dans l'emploi d'une combinaison de ce genre avec une machine alternative dont la puissance serait d'environ 40 0/0 de la puissance totale. Ces idées étaient sans doute partagées par l'Amirauté anglaise, car, lorsqu'elle commanda, en 1902, le contre-torpilleur *Velox* sur des plans de coque spécialement établis par elle, avec des échantillons renforcés, elle décida que le moteur comprendrait quatre turbines conduisant quatre lignes d'arbres, soit deux turbines à haute pression conduisant les arbres intérieurs et deux turbines à basse pression conduisant les arbres extérieurs formant deux groupes fonctionnant en deux séries, et que deux petites machines alternatives verticales, à triple expansion, seraient

accouplées aux deux turbines à basse pression, au moyen
d'un embrayage, car on comptait ne s'en servir que pour les
vitesses modérées et les manœuvres.

Les expériences du *Velox* eurent lieu en mars 1903 ; on ne
put obtenir une vitesse supérieure à 28 nœuds. Le système
mixte ne fut plus reproduit depuis, que nous sachions.

L'Amirauté française, de son côté, avait construit deux torpilleurs à turbines. Ils portent les numéros *243* et *294*. Le premier
a été commandé à la Société des Forges et Chantiers du Havre,
en septembre 1898. Il reçut deux turbines Rateau, d'une puissance équivalente à celle des machines à piston des torpilleurs
similaires de 90 tonnes, qui font 24 nœuds avec 1.800 chevaux.
Les turbines ont été construites par MM. Sautter-Harlé. Les
essais définitifs ne purent être faits qu'en janvier 1903. Ils ont
donné des résultats très inférieurs, au double point de vue de
la vitesse et de la consommation. Pour obtenir, du *243*, la
vitesse de 21ⁿ,5, il faut brûler 400 kilogrammes de charbon
par mètre carré de grille, tandis que les torpilleurs de même
type, ayant les mêmes chaudières, filent 24 nœuds en brûlant
seulement 300 kilogrammes. Il faut dire que les formes de la
coque n'avaient pas été modifiées, et qu'il est bien reconnu
aujourd'hui que les navires à turbines doivent avoir des formes
spécialement tracées pour l'utilisation des hélices à petit diamètre.

Le numéro *294* a été commandé, cette même année 1903, à
la Société de la Gironde ; il est du même type que le *243*, mais
on l'allongea de 1 mètre, afin de pouvoir donner à l'arrière
les formes appropriées aux petites hélices tournant très vite.

Il reçut trois turbines, avec disques de Laval, construites
par la maison Bréguet. Chaque turbine conduit un arbre et
deux hélices. Aux essais de recette, en janvier 1905, on obtint
la vitesse de 25 nœuds, en brûlant environ 430 kilogrammes
de charbon par mètre carré de grille, et développant environ
2.600 chevaux. Avec le même torpilleur muni d'une machine
à piston, on obtient 24 nœuds pour 1.800 chevaux. Les turbines
Bréguet tournaient entre 1.700 et 1.800 tours, et leur puissance

à différentes allures avait été déterminée, en usine, comme les turbines Rateau, au moyen du frein à eau électrique.

Avec le *King Edward*, la turbine à vapeur s'affirmait comme moteur marin dans la Marine commerciale. Ce paquebot à passagers a été construit en 1901. La disposition des turbines à bord est celle de la *Turbinia* : au milieu, une turbine haute pression fonctionnant en série avec deux autres turbines de dimensions beaucoup plus grandes que la première : ce sont les deux turbines à basse pression qui évacuent leur vapeur, chacune, dans un condenseur tubulaire placé en about.

L'arbre central conduit une seule hélice d'un diamètre de $1^m,450$, et chacun des arbres latéraux en conduit deux placées en tandem, à $2^m,70$ de distance l'une de l'autre. Leur diamètre est de $1^m,016$. C'est la première tentative faite pour supprimer les hélices multiples, à faible diamètre, qui, réagissant les unes sur les autres, sont d'un rendement moindre. On a pu y arriver en trouvant le moyen de réduire de plus en plus le nombre de tours des turbines. Pour la première fois, la marche arrière est obtenue au moyen de deux turbines spéciales, à aubes renversées, renfermées dans le même cylindre que les turbines à basse pression. Elles sont calées sur le même arbre à l'arrière des turbines marche avant.

Les essais eurent lieu en juin 1901 ; la vitesse de $20^n,5$ fut obtenue avec une moyenne de 900 tours aux deux turbines basse pression et 600 à la turbine haute pression. La consommation de charbon, contrôlée en service courant, comparativement avec les paquebots similaires faisant le même service, ne fut pas trouvée exagérée. Et l'absence presque absolue de vibrations, si importante à tous points de vue, mais surtout à celui du bien-être des passagers, fut un des éléments de succès de ces essais. Depuis cette époque, un grand nombre de paquebots à turbines furent construits, d'abord pour le service traversier de la Manche, et ensuite, pour la grande navigation de l'Atlantique.

En mai 1903, M. Parsons entreprit une nouvelle série d'essais avec la *Turbinia*, en vue de rechercher la possibilité de sup-

Vue du rotor (en partie ailelé) d'une turbine basse pression du paquebot *Virginian*.

(Page 110 *bis*.)

primer les hélices multiples par arbre. Chacune des turbines ayant reçu une seule hélice de $0^m,710$ de diamètre et $0^m,710$ de pas, en remplacement de trois hélices de $0^m,456$ de diamètre et $0^m,610$ de pas, il constata une amélioration de rendement, très sensible, à partir de la vitesse de 16 nœuds, qui se traduisit par un gain de 2 nœuds, à partir de 21 nœuds. Le recul moyen des neuf hélices, qui était de 28 à 30 0/0 entre 16 et 28 nœuds, fut réduit de 24 à 18 0/0, valeur qu'il atteignit à 23 nœuds avec seulement une hélice par arbre. A partir de ce moment il ne fut plus employé qu'une seule hélice, par ligne d'arbres, sur tous les navires à turbines. Toute la série, déjà longue, des paquebots de la Manche qui furent construits à partir du *King Edward*, reçurent uniformément trois turbines avec trois lignes d'arbres et trois hélices, et parmi eux nous nous contenterons de citer les plus remarquables : *Queen*, *Onward*, *Invicta*, *Brighton*, *Dieppe*, *Manxman*, *Londonderry*, *Viper*, etc., qui tous ont atteint des vitesses de 21 à 23 nœuds.

Le premier paquebot transatlantique à turbines fut le *Victorian*, suivi de près par le *Virginian*, tous deux de l'*Allan line*. Ils ont un déplacement de 12.000 tonnes, 160 mètres de long et 18 mètres de large. Lorsque leur construction fut décidée, en 1903, la Compagnie avait l'intention de les pourvoir de machines à piston, à triple expansion, reproduisant purement et simplement les deux paquebots précédents *Bavarian* et *Tunisian*, qui donnent une vitesse de route de 16 nœuds. On a dit que le succès du *Queen* avait produit un revirement dans les vues de la Compagnie et que l'adoption de la turbine Parsons, d'abord pour *Victorian*, et plus tard pour *Virginian*, avait été la conséquence de ce succès. Quoi qu'il en soit, elle n'a pas eu à le regretter, car les essais du premier ont donné $18^n,75$, et les deux paquebots font couramment la traversée de l'Atlantique à la vitesse de route de 17 nœuds. Ils peuvent porter 8.000 tonneaux de fret et 1.300 passagers. Les trois turbines, toujours disposées comme celles des paquebots de la Manche, conduisent, chacune, une hélice d'un diamètre de $2^m,665$. Le nombre de tours prévu était de 300 pour 12.000 che-

vaux; mais il n'a pas dépassé aux essais 265, pour obtenir la
vitesse de $18^n,75$ mesurée sur le mille de Skelmorlie (moyenne
de quatre parcours).

Le tirant d'eau, en charge, à l'arrière, étant d'environ $8^m,50$,
on peut se rendre compte des bonnes conditions de travail
des hélices dont l'immersion du bord supérieur de l'aile est
d'à peu près le double du diamètre, alors que, dans le cas d'une
machine alternative, cette immersion n'est guère que le sixième
du diamètre. On s'explique donc qu'un *Victorian* puisse conserver sensiblement son allure même par gros temps, comme
cela s'est déjà produit. On cite une traversée du *Virginian*, à
une moyenne de $17^n,6$.

De son côté, la Compagnie Cunard décidait, vers la même
époque, en 1903, la construction de deux paquebots de
30.000 tonnes : *Caronia* èt *Carmania ;* le premier devait recevoir
deux machines alternatives de 21.000 chevaux répartis sur
deux hélices donnant une vitesse de 19 nœuds, moyenne de
six heures d'essais. Le second paquebot, *Carmania*, de même
tonnage et mêmes dimensions de coque, devait recevoir des
turbines Parsons. Comme les deux paquebots devaient posséder des chaudières identiques, ils ne différeraient que dans
la machinerie, et la comparaison des résultats obtenus, en service courant, serait donc fort instructive.

Le *Carmania* reçut effectivement un jeu de trois puissantes
turbines, toujours disposées en série, chacune d'elles conduisant une hélice de $4^m,270$ de diamètre et de $3^m,965$ de pas ;
mais, tandis que les hélices du *Victorian* ont quatre ailes,
celles du *Carmania* n'en ont que trois. Ces hélices devaient
fournir la vitesse de 19 nœuds à 196 tours.

Cette réduction du nombre de tours était nécessaire pour
donner aux trois hélices la surface de poussée, en rapport avec
l'énorme section immergée d'un navire de 205 mètres de
longueur et de 22 mètres de largeur dont le tirant d'eau est
de $10^m,15$.

Mais cette réduction nécessaire du nombre de tours a eu
pour conséquence une augmentation de diamètre, de longueur

Ensemble de l'appareil, à trois turbines et condenseurs, du vapeur des services de la Manche *Quern.*

(Page 112 *bis.*)

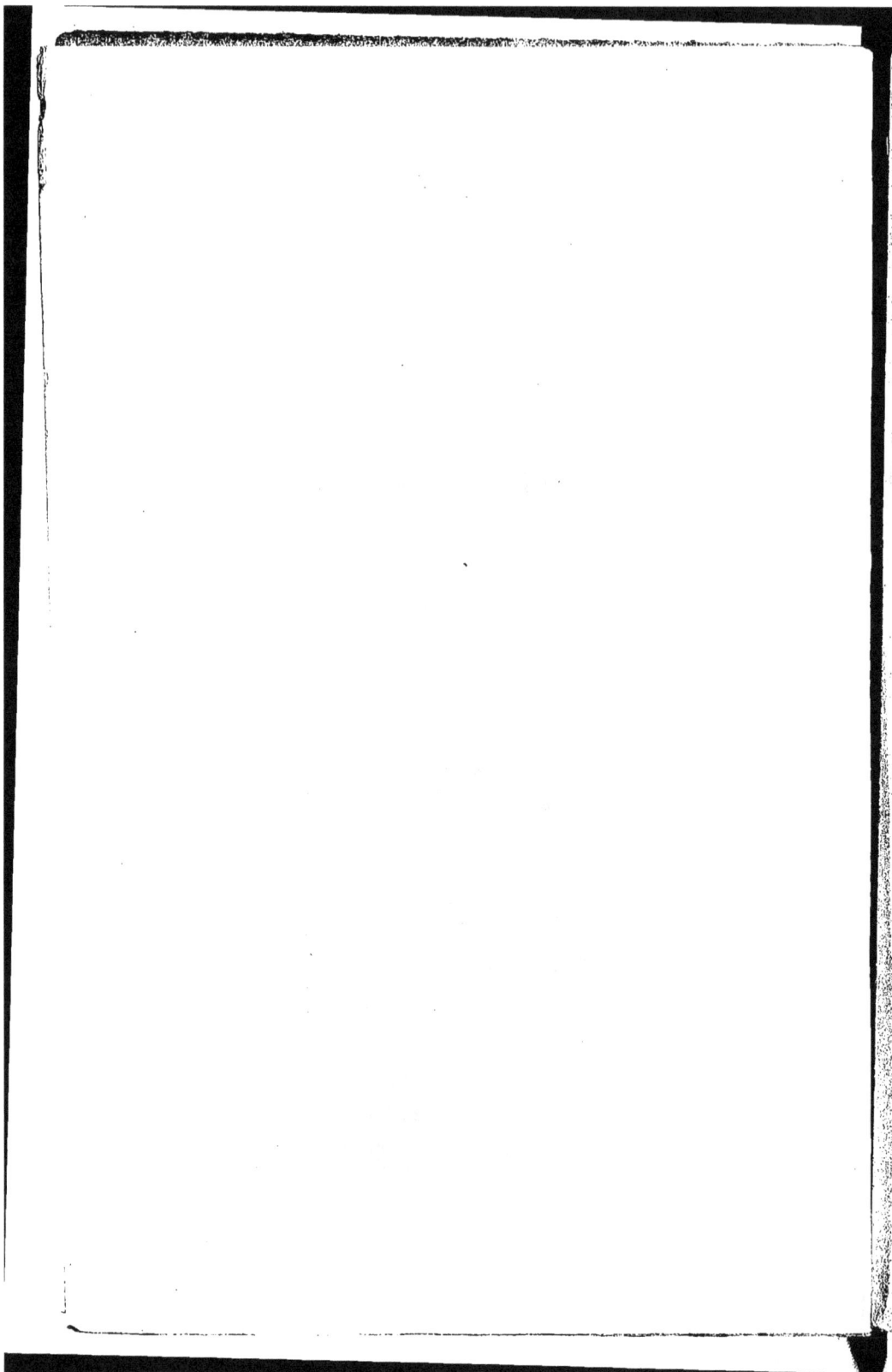

et, par conséquent, de poidsdesturbines. Ainsi, tandis que les turbines basse pression du *Victorian* pèsent 78 tonnes, celles du *Carmania* ont un poids de 340 tonnes, alors que les puissances sont respectivement 12.000 et 21.000 chevaux. Les turbines du paquebot de la ligne Cunard sont donc lourdes, probablement à dessein, pour des raisons de stabilité, ce qui ne serait pas surprenant, étant donnée la grande hauteur au-dessus de l'eau, même en pleine charge, au déplacement de 30.000 tonnes. La hauteur totale de la quille à la passerelle de navigation est en effet de $27^m,45$.

Le 17 novembre 1904, le *Carmania* obtenait une vitesse de $20^n,19$, moyenne de quatre parcours sur les bases, soit $0^m,7$ de plus que le *Caronia*.

Le 21 novembre, il obtenait comme moyenne, dans un parcours d'une durée de six heures, la vitesse de $19^n,5$, supérieure d'un demi-nœud à celle exigée par le contrat. Le 22 novembre, le paquebot remontait à Liverpool et, le 2 décembre, il partait pour New-York, accomplissant son premier voyage commercial.

Au cours des essais des deux paquebots, il a été relevé des diagrammes, au moyen de l'indicateur spécial de Schlick, qui mesure les vibrations. Les courbes montrent des vibrations verticales très accentuées sur *Caronia*, à chaque tour d'hélice, tandis que sur *Carmania* elles sont nulles. Les vibrations horizontales sont nulles dans les deux cas.

Le premier voyage du paquebot à turbines s'est effectué par très mauvais temps, et il a été rapporté qu'il a pu faire route, alors qu'avec une machine à piston il aurait été obligé de ralentir. C'est une constatation faite sur tous les navires à turbines et qui n'est pas un des moindres avantages du moteur rotatif. Le service Calais-Douvres en fournit des exemples assez fréquents. En voici un : le 15 mars 1905, par tempête, le *Queen* a perdu seulement quinze minutes sur son passage habituel, alors que les autres vapeurs à machines alternatives perdaien une heure. Des constatations analogues ont été faites, l'hiver dernier, entre les paquebots de la ligne Dieppe-Newhaven. Ainsi

8

'le *Brighton*, qui par beau temps ordinaire gagne trois minutes,
·sur le trajet qui est de 64 milles, sur son similaire *Arundel* à
,machines alternatives, en gagne quinze par mauvais temps,
·et ce cas est très fréquent dans la Manche.

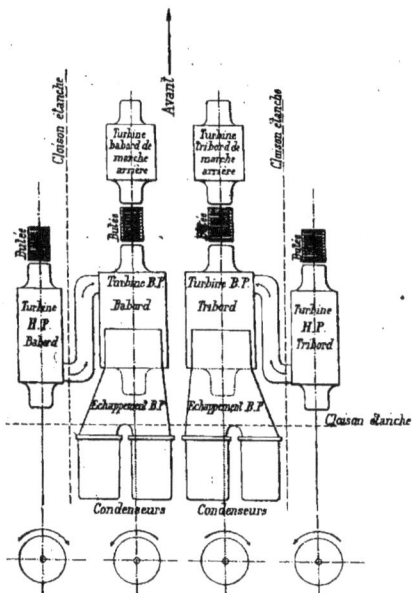

Disposition des turbines des grands courriers de Cunard.
Les cercles et leurs flèches indiquent la direction de la rotation.
Basse pression bâbord et haute pression tribord ont leurs hélices avec pas à gauche ; —
haute pression bâbord et basse pression tribord, leurs hélices avec pas à droite.

Au mois de décembre dernier, après une année de service,
on n'avait pas encore eu besoin d'ouvrir les cylindres du *Carmania* pour visiter les ailettes, et le nombre habituel de mécaniciens avait été réduit.

Sans attendre la mise en service de ce nouveau paquebot, la
Compagnie Cunard mettait sur chantiers, dans le courant

de 1905, les deux énormes paquebots *Lusitania* et *Mauretania*, dont le premier est en service et dont le dernier vient de faire ses essais tout récemment. Il s'agissait de fournir un moteur capable de permettre à un navire de 38.000 tonnes, d'accomplir la traversée de l'Atlantique de New-York aller et retour à la vitesse moyenne, jusqu'alors inconnue, de $24^n,5$, et la puissance motrice nécessaire devait atteindre 68.000 chevaux. La Compagnie nomma une commission qu'elle chargea d'étudier la question du choix du type de moteur, le plus convenable, pour la réalisation de ce programme. Cette commission admit le principe de l'adoption de la turbine à vapeur et recommanda le programme suivant : « L'appareil moteur sera composé de quatre turbines, deux à haute pression et deux à basse pression. Elles conduiront chacune un arbre et une hélice. Les turbines haute pression conduiront les arbres extérieurs, et les turbines basse pression les arbres intérieurs. Le groupe formé par une haute pression et une basse pression, d'un même bord, sera indépendant du groupe correspondant du bord opposé. Il y aura donc deux groupes distincts ayant chacun son condenseur, sa pompe à air, sa pompe de circulation et sa pompe à huile. L'ensemble des deux groupes devra fournir 72.000 chevaux, puissance jugée nécessaire pour obtenir 25 nœuds pendant un essai de durée. Cela conduit à charger chaque arbre de 18.000 chevaux. Les deux hélices intérieures seront placées au droit de l'étambot, selon l'usage ; quant aux deux hélices extérieures, elles seront placées à la plus grande distance possible de l'étambot, afin de réduire au minimum l'effet, sur les hélices intérieures, de l'agitation de la masse d'eau dans laquelle elles travaillent. Il y aura deux turbines de marche arrière calées sur les mêmes arbres intérieurs que conduisent les deux turbines basse pression.

Ce programme a été exécuté de point en point. Le sens de rotation des turbines est tel que les deux hélices d'un même bord tournent l'une vers l'autre. La vitesse de rotation est prévue entre 190 et 200 tours, comme pour *Carmania*, mais ici les turbines de marche arrière sont indépendantes des turbines basse pression, contrairement à ce qui a été fait pour *Carmania*. Si l'on considère que la masse tournante d'un seul des arbres intérieurs pèse 130 tonnes, on comprendra facilement que les constructeurs aient reculé devant la réunion dans un même cylindre d'une pareille masse qui ne peut être supportée que par ses deux extrémités. Par leur division complète, la même masse est supportée par quatre paliers, solution plus encombrante, mais offrant plus de sécurité. Au plus fort, le rotor basse pression a un diamètre de $3^m,60$, ce qui, à 200 tours, donne une vitesse périphérique de $37^m,600$, un peu plus élevée que celle du *Carmania*. Les arbres sont, bien entendu, creux ; ils ont un diamètre extérieur de $0^m,835$ pour la turbine basse pression, de $0^m,683$ pour la turbine haute pression, et de $0^m,486$ pour les quatre lignes d'arbres.

Les expériences du *Lusitania* ont eu lieu en juillet 1907 ; elles paraissent avoir été un nouveau succès pour les turbines Parsons. La publication technique anglaise *Engineering*, qui suit de très près tous les événements maritimes de quelque importance, nous donne sur ces essais quelques détails intéressants. Le paquebot a quitté les chantiers J. Brown et Cie, qui l'ont entièrement construit, coque et machines, le 27 juin 1907, pour faire ses essais préliminaires en route libre. Il a parcouru les 15 milles de rivière qui séparent Clydebank de la mer à la vitesse de 5 nœuds, en se servant de ses deux seules hélices intérieures. Lorsqu'il a pu marcher à pleine vitesse, avec ses quatre hélices, on a constaté que la formation de la vague est très petite sur toute la longueur du navire. Le tirant d'eau arrière était $9^m,10$.

Le 24 juillet, le paquebot a appareillé, par un temps favorable, pour faire un essai de vitesse et d'endurance de quarante-huit heures. Le programme comportait quatre parcours, en deux directions opposées, de chacun 300 milles. La vitesse moyenne du navire devait être la moyenne de la vitesse obtenue dans chacun des parcours. On peut admettre que la méthode adoptée éliminait l'influence du courant, de même que celle du vent. Le fonctionnement général fut excellent.

Le tableau ci-dessous donne un résumé des résultats généraux de l'essai.

Pression moyenne aux chaudières, en kilogr.	13,07
— — aux turbines H.P., —	10,54
— — — B.P., —	0,246
Vide moyen au condenseur, en centimètres......	71,6
Pression barométrique moyenne, —	75,7
Nombre de tours moyen des quatre turbines	188
Puissance effective fournie par l'indicateur de tor-	
sion, en chevaux...........................	64.600
Vitesse moyenne réalisée dans le premier parcours	
de 30 milles, en nœuds	26,4
Vitesse moyenne réal. dans le 2e parcours, en nœuds.	24,3

A 188 tours, la vitesse périphérique des hélices ressort à
45^m,50 ; c'est très sensiblement celle des hélices du *Carmania*.
Le navire avait, au départ, un tirant d'eau de 9^m,15.

Le 27 juillet, le *Lusitania* a quitté son mouillage pour faire
une croisière autour de l'Irlande avec de nombreux invités. Il
avait été mis à son tirant d'eau maximum de 10 mètres, correspondant à un déplacement d'environ 37.000 tonnes. On a
mesuré les consommations d'eau et de charbon pendant une
durée de six heures, successivement aux vitesses de 15, 18
et 21 nœuds, puis, les invités ayant été débarqués le 29, aux
vitesses de 23 et 25 nœuds. Les résultats obtenus n'ont pas été
publiés ; mais nous connaissons les prévisions, qui nous
paraissent bien optimistes. On compte en effet ne consommer
que 5.000 tonnes, soit 5.080 tonnes françaises pour parcourir à
24 nœuds et demi la distance de Liverpool à New-York, qui est
d'environ 3.000 milles marins, ce qui représente une durée
probable de cent vingt-deux heures environ. La consommation
horaire serait donc de 41.640 kilogrammes avec 60.000 chevaux
indiqués, elle serait d'environ 0^{kg},700 par cheval-heure. Mais
ce ne sont ici que des prévisions. Il serait intéressant de
connaître la consommation telle qu'elle résulte des essais qui
viennent d'être clos.

Il a été relevé, à l'aide de l'enregistreur Schlick, des dia-

grammes que publie l'*Engineering* du 9 août. L'examen de ces
courbes indique qu'à la vitesse de 22°,5 il se produit vers
l'extrême arrière de très légères vibrations verticales d'une
fréquence de 62 à la minute et d'une amplitude insignifiante.
Elles paraissent dues à l'action des propulseurs. Dans le sens
horizontal, les vibrations sont à peu près nulles. Les diagrammes
ont été enregistrés près de l'arrière du navire, par temps
calme, alors que les turbines tournaient à une moyenne de
165 tours, correspondant à 22°,5.

La turbine dans la Marine de guerre. — Jusqu'en 1904,
l'application de la turbine à vapeur à la Marine de guerre ne
s'était manifestée que sur des bâtiments de flottille, contre-
torpilleurs et torpilleurs.

Avec le croiseur *Amethyst* nous la voyons s'introduire dans
la flotte de haute mer, mais à l'état de simple unité; il s'agit
de la comparer à la machine alternative, en plaçant l'une et
l'autre sur deux bâtiments exactement semblables, ne différant
entre eux que par l'appareil moteur. A cet effet l'*Amethyst*
reçut un jeu de trois turbines disposées en série, toujours
d'après le groupement de la *Turbinia*. Chaque turbine conduit
une hélice d'un diamètre de $2^m,033$ et d'un pas de 2 mètres pour
l'hélice centrale et de $1^m,750$ pour chacune des deux autres.
Elles sont tracées d'après les données de M. Parsons, c'est-à-dire
que les ailes ont la forme d'une ellipse dont le grand axe diffère
peu du petit axe et dont la surface propulsive est plus grande
que celle des hélices ordinaires. Cette surface est de $1^{m2},8$
pour chacune des trois hélices, ce qui représente un rapport
$\frac{S}{D^2} = 0,6$ environ. Ce rapport de la surface hélicoïdale à la
surface du cercle circonscrit à l'hélice varie de 0,350 à 0,340
pour nos croiseurs type *d'Assas* et type *Gloire ;* il atteint 0,525
et même 0,560 pour nos contre-torpilleurs *Mistral* et *Pique,*
avec un nombre de tours dépassant 300.

Pour la première fois, nous voyons apparaître la turbine dite
de croisière qui décidément l'emportera, pour la marche aux

allures modérées, sur le système mixte du *Velox*, consistant
dans l'emploi d'une machine à piston pour obtenir ces allures.
Ces petites turbines sont au nombre de deux sur l'*Amethyst*.
Elles sont disposées en tandem à l'avant de la turbine centrale
et commandent, toutes trois, le même arbre ; leur fonctionnement et leur rôle seront décrits plus loin dans un chapitre
spécial. Nous dirons seulement qu'avec ces turbines on a pu
obtenir jusqu'à 14 nœuds, marche pouvant soutenir la
comparaison, au point de vue économique, avec le croiseur
comparatif *Topaze*.

Une des qualités remarquables de la turbine à vapeur est
le peu d'élévation de sa masse au-dessus de la quille, ce qui
permet l'abaissement du pont principal et, si c'est un navire
de guerre comme le *Dreadnought*, du pont cuirassé. Il en
résulte un abaissement correspondant de l'ensemble, coque et
machine, dont on a profité pour doter le premier cuirassé à
turbines de la plus puissante artillerie qu'on ait vue réunie sur
un même navire, soit dix pièces de 305 millimètres disposées
en cinq tourelles.

La première pièce de quille a été posée le 2 octobre 1905, à
Portsmouth, et la construction a été entourée du plus grand
mystère. Les essais officiels ont été commencés le 3 octobre 1906.

La disposition de l'ensemble des turbines à bord est diffé-
rente de celle de l'*Amethyst*. On a admis ici le principe de la
division de la puissance motrice en deux groupes indépendants. Cette disposition ne paraît guère avantageuse au point
de vue rendement pour des navires de faible tonnage, comme
par exemple le croiseur allemand *Lübeck*, parce que les hélices
trop rapprochées utilisent mal ; mais, pour les navires de fort
tonnage, elle est préférable à la disposition de l'*Amethyst*.

Nous avons, par ce qui précède, un aperçu des progrès crois-
sants de la turbine marine en Angleterre et de la faveur dont
elle jouit. Dans les autres marines, en Europe, aux États-Unis,
au Japon, tous ces essais ont été suivis, cela va de soi, avec la
plus ardente curiosité, et partout aujourd'hui on admet la
turbine dans les bâtiments en projet. Notre Marine, dès l'année
dernière, a envoyé en Angleterre une Commission technique
dont le rapport n'a pu qu'être favorable à l'introduction de la
turbine dans la Marine française, qui ne la connaît, jusqu'ici,
que par l'application qu'elle en a faite sur quelques torpilleurs.
Notre Amirauté vient d'entrer dans la voie nouvelle en décidant
que les six cuirassés du programme de 1906, le *Mirabeau*, le
Vergniaud, le *Diderot*, le *Voltaire*, le *Danton* et le *Condorcet*,
seront actionnés par des turbines Parsons. Cette belle flotte
sera ainsi entièrement homogène, non seulement au point de
vue de la machinerie et par conséquent de la vitesse, mais aussi
au point de vue puissance offensive et défensive. Tous ces
cuirassés doivent avoir un déplacement de 18.350 tonnes avec
un tirant d'eau moyen de 8^m,262, et à l'arrière de 8^m,440. Les
dimensions principales sont : longueur, 145 mètres ; largeur,
29^m,65. La vitesse demandée est 19 nœuds, mais elle sera sûre-
ment dépassée. Les turbines seront disposées en deux groupes
indépendants, et elles actionneront quatre arbres, portant
chacun une hélice ; le nombre de tours prévu est de 300, avec
un diamètre d'hélice de 2^m,800, soit très sensiblement le
nombre de tours et le diamètre d'hélice du *Dreadnought*.

La Marine allemande, voulant se rendre directement compte
des propriétés de la turbine Parsons, a décidé, dès 1904, d'en
faire l'expérience sur le croiseur *Lübeck*, de 3.200 tonneaux de
déplacement, dont les dimensions peuvent être comparées à
l'*Amethyst*, croiseur anglais de la même classe. Seulement, au
lieu de diviser la puissance motrice en trois turbines, on
adopta le système de deux groupes indépendants, qui conduit,
comme on sait, à quatre turbines et quatre lignes d'arbres.
Les résultats de cette disposition, sur un navire de 13 mètres

de largeur, paraissent démontrer que le trop grand rapprochement des arbres nuit beaucoup au rendement des hélices, qui
furent d'abord au nombre de huit, soit deux par arbre, puis
réduites à quatre; dans tous les cas on eut des reculs attei-
gnant 25 0/0.

Il y a en tout dix turbines : quatre pour la marche avant,
quatre pour la marche arrière et deux pour la marche en croisière. La disposition est identiquement la même que celle adoptée
pour le *Dreadnought* (voir plus haut). Lorsqu'on veut marcher à
vitesse réduite de 12 à 14 nœuds, on introduit directement la vapeur vive dans la turbine haute pression de croisière, d'où elle
passe à la basse pression de croisière et ensuite, successivement, dans les quatre autres, puis aux deux condenseurs. Pour
la marche de 16 à 18 nœuds, on isole la turbine haute pression de croisière et on introduit directement la vapeur dans la
basse pression de croisière, qui la renvoie aux quatre autres.
Lorsqu'on veut marcher à toute puissance, on ne se sert que
des quatre turbines principales.

La marche arrière s'obtient en faisant fonctionner les
quatre turbines, soit ensemble, soit séparément.

L'appareil évaporatoire se compose de dix chaudières à tubes
d'eau, d'une surface totale de grille de 40 mètres carrés et
d'une surface totale de chauffe de 2.746 mètres.

Les essais du *Lübeck* ont été conduits parallèlement à ceux
du *Hamburg*, croiseur de même classe exactement semblable,
à l'exception du moteur qui est du type habituel à triple expansion; il possède deux hélices.

Le *Marine Rundschau* a rendu compte de ces essais comparatifs, qui ont été dirigés par le constructeur, sous le contrôle
de l'Amirauté allemande. Les conditions du contrat étaient,
pour les deux croiseurs, une vitesse de 22 nœuds et une consommation maximum à cette allure de $0^{kg},900$ par cheval indiqué. On a essayé quatre jeux d'hélices différentes :

1° Huit petites hélices, soit deux par arbre, calées de façon
que les hélices extérieures arrière travaillent dans le même plan
transversal que les hélices intérieures avant;

2° Quatre grandes hélices;

3° Une combinaison de quatre grandes et quatre petites hélices;

4° Quatre grandes hélices de dimensions différentes de celles de la deuxième série.

Toutes ces hélices sont à trois ailes, en bronze manganésé, et ont leurs ailes parfaitement polies; nous donnons plus loin leurs caractéristiques; nous avons déjà dit la cause des mauvais résultats constatés.

Le seul avantage retiré de la division en quatre turbines est l'abaissement du centre de gravité, en même temps que la réduction de poids de l'ensemble turbine ; cet avantage peut être prisé pour un navire de guerre, et c'est peut-être ce que recherchait l'Amirauté allemande.

Les turbines du *Lübeck* ont été construites par la *Deutsche Parsons Marine A. G. Turbinia*, en Allemagne. Il existe aussi à Berlin une société de constructions électriques qui s'est outillée pour construire des turbines marines du type Curtis. Ce type, qui paraît jouir en Allemagne et en Amérique d'une certaine faveur, surtout comme moteur de dynamo, a été choisi, par la *Hamburg Amerika Line*, pour le paquebot *Kaiser* dont les essais ont eu lieu en avril 1905. L'Amirauté allemande a actuellement en achèvement à flot les deux croiseurs *Stuttgart* et *Stettin*, qui auront pour moteur, le premier un jeu de turbines Curtis, et le second un jeu de turbines Parsons. Elle a, de plus, sur chantiers, à Brême, aux chantiers de la Weser, un croiseur cuirassé de 19.000 tonneaux qui doit avoir une vitesse de 25 nœuds et qui sera actionné par des turbines Parsons.

Les États-Unis vont prochainement commencer des essais comparatifs intéressants entre les deux types Curtis et Parsons qui, là comme en Allemagne, se partagent la faveur, ce qui est bien naturel ici, puisque la turbine Curtis est d'origine américaine. Les deux croiseurs éclaireurs, qui doivent recevoir les deux types rivaux, sont le *Salem* et le *Chester;* un troisième bâtiment exactement pareil, le *Birmingham*, reçoit deux machines triple expansion qui doivent fournir, à 200 tours, une puissance de 16.000 chevaux et une vitesse de 24ⁿ,50.

Le *Salem* a été mis à l'eau le 27 juillet 1907. Il est construit dans les chantiers de Fore River (Massachusetts). Son appareil moteur se compose de deux turbines Curtis, actionnant deux hélices à trois ailes. Leur puissance prévue est de 16.000 chevaux, et la vitesse du navire de 24ⁿ,5. Les turbines pour la marche arrière sont disposées dans le même cylindre que celles destinées à la marche avant. Il n'y a pas de turbines de croisière, et c'est un avantage du type Curtis qui, étant à admission partielle, produit les changements de vitesses par l'obturation plus ou moins grande des tuyères de distribution de vapeur dans le premier échelon. Les douze chaudières à tubes d'eau, qui constituent l'appareil évaporatoire, fourniront, à 17 kilogrammes de pression, la vapeur nécessaire. Leur surface de grille totale est de 64^m,38, et leur surface de chauffe de 3.445 mètres carrés.

Le *Chester*, construit par les *Bath Iron Works*, est semblable en tout au *Salem* et au *Birmingham*, à l'exception du moteur qui se compose ici de quatre turbines Parsons conduisant quatre arbres et quatre hélices. La disposition adoptée pour l'ensemble est exactement celle du croiseur allemand *Lübeck*, qui a été décrite plus haut. Comme le *Chester* n'a que 1 mètre de plus de largeur que le *Lübeck*, il sera intéressant de vérifier, au moyen des résultats obtenus par le croiseur américain dont le déplacement de 3.750 tonnes ne dépasse que de 550 tonnes celui du croiseur allemand, si la disposition à quatre arbres convient ou ne convient pas à des navires de cette taille. Les trois croiseurs éclaireurs américains doivent être revêtus d'une armure d'acier au nickel, sur toute l'étendue des machines et des chaudières. Leur longueur est de 128 mètres, leur largeur de 14^m,20, et le tirant d'eau arrière de 5^m,12.

Le Japon a actuellement en construction deux cuirassés de 19.000 tonnes, le *Satsuma* et l'*Aki*, dont les plans sont dus aux ingénieurs japonais qui les construisent eux-mêmes à l'arsenal

de Yokosuka; tous deux doivent être mus, dit-on, par des turbines Parsons, au moins le dernier, qui sera dans ses grandes
lignes une reproduction du *Dreadnought*. Les chantiers de constructions navales de Nagasaki ont obtenu une licence pour la
construction au Japon des turbines Parsons. Déjà, en 1905, ils
avaient sur chantiers deux grands paquebots de 13.500 tonnes,
dont l'appareil moteur est constitué par un jeu de turbines de
ce dernier type d'une puissance de 17.000 chevaux.

La Société Générale Transatlantique aura été la première
Compagnie de navigation française à adopter les nouveaux
appareils. Ceux-ci ont été installés sur un paquebot, le *Charles-
Roux*, que cette Société a fait construire pour ses services
d'Algérie, et qui vient d'être mis récemment en service.

Voici les données principales de ce navire :

Longueur entre perpendiculaires............	$115^m,00$
Largeur au fort hors bordé.................	$13,90$
Creux sur quille au pont supérieur..........	$8,75$
— au pont-promenade........	$11,30$
Tirant d'eau moyen en charge..............	$5,40$
Volume des soutes à charbon..............	290^{m3}
Puissance effective des turbines............	9.000^{ch}
Vitesse en service.........................	20^n
Nombre d'hélices..........................	3
(Les turbines actionneront 3 lignes d'arbres.)	
Diamètre des hélices......................	$2^m,10$
Pas des hélices...........................	$1,80$
Nombre de tours..........................	440
Surface mouillée totale....................	2.230^{m2}
Pression à l'admission....................	$10^{kg},750$
Vide au condenseur atmosphérique.	10 0/0 de la pression

La turbine haute pression actionnera l'arbre central. Les
turbines basse pression et de marche arrière sont sur les
arbres latéraux.

Il y a huit chaudières timbrées à 11 kilogrammes.

Ce paquebot est destiné au service de la Méditerranée, entre
Marseille et l'Algérie.

II

DONNÉES RELATIVES AUX TURBINES

Dimensions des turbines. — Voici les dimensions essentielles principales d'un des plus récents steamers faisant le
service du Pas de Calais : puissance indiquée, 10.000 chevaux ;
vitesse, 22 nœuds à 500 tours ; pas des hélices, 1^m,675.

CARACTÉRISTIQUES	ROTOR à H. P.	ROTORS à B. P.	ROTORS de marche arrière
Diamètres de tambour.............	1^m,219	1^m,727	1^m,219
Longueurs de tambour.............	1^m,727	2^m,286	1^m,473
Nombre d'expansions	4	8	4
Nombre d'éléments à chaque expansion	12	6	12
Nombre total d'éléments...........	48	48	48
Hauteur d'ailettes à chaque expansion:			
1re expansion...................	35^{mm}	35^{mm}	19^{mm}
2e —	50^{mm},7	50^{mm},7	38^{mm}
3e —	69^{mm},8	69^{mm},8	76^{mm}
4e —	101^{mm},6	101^{mm},6	75^{mm}
5e —	»	139^{mm},7	»
6e —	»	203^{mm}	»
7e —	»	203^{mm}	»
8e —	»	203^{mm}	»

Dimension des ailettes. — Le tableau ci-dessous donne par

TURBINES B. P. — TAMBOUR 2^m,364 DE DIAMÈTRE

EXPANSIONS	AILETAGE DU ROTOR, DIMENSIONS EN MILLIMÈTRES	JEU aux extrémités (à froid)
1re	10 éléments de 3,5 de larg^r, 95 de haut^r et 28,6 de pas	2^{mm},00
2^e	10 — 9,5 — 50 — 31,7 —	2 ,00
3^e	10 — 9,5 — 70 — 35 —	2 ,00
4^e	10 — 9,5 — 101 — 38 —	2 ,30
5^e	10 — 12,7 — 140 — 47 —	2 ,50
6^e	10 — 12,7 — 178 — 50,7 —	3 ,05
7^e	10 — 12,7 — 178 — 50,7 —	3 ,05
8^e	10 — 12,7 — 178 — 50,7 —	3 ,05

Jeu aux pistons compensateurs : 0^{mm},762.

le détail les dimensions de l'ailetage adopté pour les turbines basse pression d'un grand transatlantique ; chaque turbine basse pression est divisée en huit expansions.

On remarquera que les ailettes des 6°, 7° et 8° expansions ont la même hauteur et le même pas ; la seule différence réside dans le profil, qui est plus aplati, et dans l'écartement, qui est plus grand, pour les deux dernières expansions.

Dans les vapeurs de 5.000 à 8.000 chevaux indiqués, les ailettes varient en largeur de 8 millimètres, à la première expansion de la turbine haute pression, à 12 millimètres, aux 1res expansions de la turbine basse pression ; les hauteurs sont respectivement de 27 millimètres pour la haute pression et de 200 à 250 millimètres pour la basse pression, selon la vitesse et le diamètre. Nous avons déjà dit qu'à une augmentation du diamètre du tambour correspond une diminution de la hauteur des ailettes.

Nombre d'expansions. — Le nombre usuel d'expansions est, en général, de quatre à la turbine haute pression et de huit aux turbines basse pression, le nombre total d'éléments étant le même dans toutes les turbines. Par exemple, si la turbine haute pression est constituée par quatre expansions de chacune 14 éléments, la turbine basse pression sera constituée par huit expansions de chacune 7 éléments, et dans les deux cas le nombre des éléments fixes et mobiles dans chaque turbine sera de 56.

Le nombre d'ailettes par élément diminue d'une expansion à l'autre, puisque l'on augmente leur écartement périphérique, au moyen de pièces de calage de section croissante ; cet accroissement, qui devrait être continu d'un bout à l'autre de la turbine, est pratiqué par échelons pour des questions de simplification dans la construction ; le rapport entre le nombre des aubages dans les premières expansions et les dernières est de 1/2 en général, c'est-à-dire que, si le nombre des ailettes constituant le premier élément est de 100 par exemple, celui du dernier élément sera de 50.

Réduction du jeu par dilatation des ailettes. — Les ailettes les plus longues étant naturellement situées du côté échappement où la température est minimum, il s'établit une sorte de compensation automatique dans la diminution du jeu périphérique laissé entre les couronnes et l'enveloppe ou le tambour.

La valeur de la dilatation sous l'influence de la chaleur atteint environ $0^{mm},01$ par centimètre de longueur d'ailette du côté admission et un peu moins du côté échappement ; mais, les ailettes étant plus longues, il y a compensation, comme nous venons de dire.

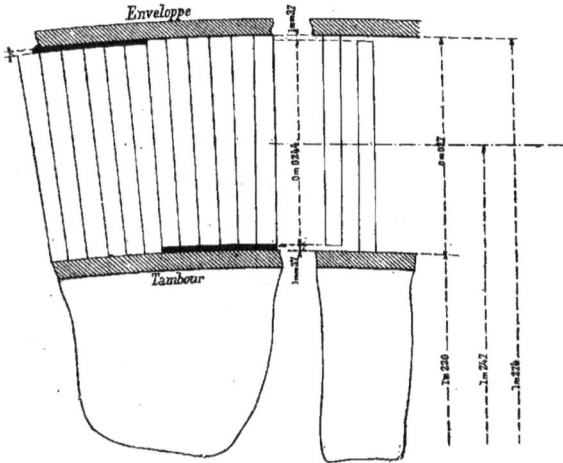

Surface du jeu des extrémités.

NOTA. — Les sections représentées en noir indiquent les surfaces ouvertes aux fuites des extrémités.

Importance des fuites par le jeu périphérique. — Par le jeu qu'on ne peut éviter entre l'extrémité des ailettes et l'enveloppe, il se produit des fuites de vapeur, qui ont une influence évidente sur les conditions de fonctionnement de la turbine.

On a calculé que l'importance de la perte croît à mesure que diminue le nombre de tours. Ainsi, si elle est de 3 0/0 pour une turbine roulant à 600 tours, elle est de 27 0/0 pour une turbine roulant à 200 tours. La perte croît, en effet, comme le carré du nombre de tours, ou, ce qui est la même chose, comme le carré du diamètre du rotor ; toutefois, en tenant compte de la dilatation plus grande avec les grands diamètres, on peut dire que la perte croît comme le carré du diamètre, soit comme la section offerte aux fuites.

Valeurs du jeu relevées en pratique. — Les tableaux donnent la valeur des différents jeux, périphériques et latéraux, relevés sur les turbines des navires à turbines faisant le service Douvres-Calais ; *tous ces jeux sont relevés à froid.* L'installation est à trois arbres.

TURBINE H. P. — TAMBOUR : 1^m,22 DE DIAMÈTRE

EXPANSIONS	JEU PÉRIPHÉRIQUE à bâbord		JEU PÉRIPHÉRIQUE à tribord		JEU LONGITUDINAL			
	Entre ailetage du rotor et enveloppe	Entre couronnes fixes et tambour	Entre ailetage mobile et enveloppe	Entre couronnes fixes et tambour	Bâbord côté avant	Bâbord côté arrière	Tribord côté avant	Tribord côté arrière
numéros	millim.	millim.	millim.	millim.	millim.	millim.	millim.	millim.
1	1,07	1,04	1,32	1,09	6,3	4,7	5,95	5,55
2	1,30	1,39	1,49	1,24	7,1	6,3	6,3	6,3
3	1,60	1,39	1,78	1,55	7,1	6,3	7,1	6,3
4	1,24	1,114	1,37	1,30	9,1	7,9	8,7	8,7

TURBINE B. P. A TRIBORD.— TAMBOUR : 1^m,727 DE DIAMÈTRE

EXPANSIONS	JEU PÉRIPHÉRIQUE à bâbord		JEU PÉRIPHÉRIQUE à tribord		JEU LONGITUDINAL			
	Entre ailetage mobile et enveloppe	Entre couronnes fixes et tambour	Entre ailetage mobile et enveloppe	Entre couronnes fixes et tambour	Bâbord côté avant	Bâbord côté arrière	Tribord côté avant	Tribord côté arrière
numéros	millim.	millim.	millim.	millim.	millim.	millim.	millim.	millim.
1	1,78	2,03	1,73	1,78	5,55	5,55	5,15	6,74
2	1,82	2,16	1,78	2,16	7,90	5,55	6,30	7,93
3	1,98	2,28	2,08	2,33	8,70	7,14	6,30	6,74
4	2,08	2,33	2,08	2,16	9,50	8,70	7,90	9,50
5	2,16	2,36	2,16	2,23	11,10	8,70	8,70	8,70
6	2,41	3,12	2,49	2,92	11,10	12,70	10,31	11,10
7	2,59	3,17	2,67	2,84	11,10	12,70	11,10	11,90
8	2,59	2,92	2,67	2,87	11,10	12,70	11,10	12,70

TURBINE DE MARCHE ARRIÈRE TRIBORD
TAMBOUR : 1^m,22 DE DIAMÈTRE

EXPANSIONS	JEU SUR LE DIAMÈTRE à bâbord		JEU SUR LE DIAMÈTRE à tribord		JEU LONGITUDINAL			
	Entre ailetage mobile et enveloppe	Entre couronnes fixes et tambour	Entre ailetage mobile et enveloppe	Entre couronnes fixes et tambour	Bâbord côté avant	Bâbord côté arrière	Tribord côté avant	Tribord côté arrière
numéros	millim.	millim.	millim.	millim.	millim.	millim.	millim.	millim.
1	1,40	1,57	1,73	1,78	4,76	12,70	4,76	13,49
2	1,65	1,62	2,03	2,08	4,76	12,70	5,55	13,49
3	1,49	2,59	3,09	3,25	4,76	13,49	4,76	13,49
4	1,49	2,54	3,17	2,79	5,55	13,49	5,55	13,49

TURBINES B. P. A BABORD. — TAMBOUR : 1^m,727 DE DIAMÈTRE

EXPANSIONS	JEU SUR LE DIAMÈTRE à bâbord		JEU SUR LE DIAMÈTRE à tribord		JEU LONGITUDINAL			
	Entre ailetage mobile et enveloppe	Entre ailetage fixe et tambour	Entre ailetage mobile et enveloppe	Entre couronnes fixes et tambour	Bâbord côté avant	Bâbord côté arrière	Tribord côté avant	Tribord côté arrière
numéros	millim.	millim.	millim.	millim.	millim.	millim.	millim.	millim.
1	1,75	1,78	1,905	1,905	5,95	4,76	6,35	3,96
2	1,82	1,78	2,23	2,16	6,74	6,35	7,93	6,35
3	1,78	1,905	1,98	2,23	7,14	6,35	7,93	4,76
4	1,78	1,98	2,10	2,32	7,14	6,74	9,52	7,93
5	1,82	1,85	2,31	2,28	9,52	7,93	9,52	7,93
6	2,59	2,50	3,09	3,12	10,32	9,52	11,10	11,10
7	2,74	2,74	3,25	2,92	10,32	11,10	10,72	11,10
8	2,97	2,997	3,35	3,70	12,30	11,10	12,30	11,90

TURBINE DE MARCHE ARRIÈRE BABORD
TAMBOUR : 1^m,220 DE DIAMÈTRE

EXPANSIONS	JEU SUR LE DIAMÈTRE à bâbord		JEU SUR LE DIAMÈTRE à tribord		JEU LONGITUDINAL			
	Entre ailetage mobile et enveloppe	Entre couronnes fixes et tambour	Entre ailetage mobile et enveloppe	Entre couronnes fixes et tambour	Bâbord côté avant	Bâbord côté arrière	Tribord côté avant	Tribord côté arrière
numéros	millim.	millim.	millim.	millim.	millim.	millim.	millim.	millim.
1	2,16	2,16	1,70	1,65	4,76	12,70	4,76	12,70
2	2,16	2,23	1,85	1,85	3,17	13,42	4,36	13,42
3	2,92	2,87	2,84	2,49	3,17	12,70	3,96	11,90
4	3,05	2,92	2,92	2,62	4,76	12,70	5,55	12,70

JEUX AUX LABYRINTHES

	A FROID	AUX ESSAIS
Jeu aux labyrinthes compensateurs :	millimètre	millimètre
De la H.P..............................	0,38	0,76
B.P. tribord...........................	0,91	0,53
B.P. bâbord...........................	0,91	0,685

On remarquera que le jeu longitudinal aux turbines de marche arrière est beaucoup plus grand du côté arrière que du côté avant, dans le but de permettre la libre dilatation du rotor, qui se fait davantage sentir à l'arrière qu'à l'avant. On remarquera également que le jeu laissé aux labyrinthes compensateurs augmente à chaud pour la haute pression et diminue pour la basse pression.

Relevé d'usure des paliers supports. — Le tableau suivant fournit, d'après la pratique, l'usure constatée en fonctionnement courant à l'aide des indicateurs que nous avons décrits plus haut ; la première colonne est relative aux jeux relevés à la mise en service initiale ; la seconde, à ceux qui furent relevés un an plus tard.

PALIER	COTE ORIGINALE	APRÈS UN AN de service
	millimètre	millimètre
Turbine H.P., palier avant............	0,83	0,86
— — arrière..........	0,91	0,92
Turbine B.P. bâbord, palier avant.....	1,04	1,11
— — arrière....	1,01	1,14
Turbine B.P. tribord, — avant.....	0,94	1,11
— , — arrière....	0,81	0,92

Conditions de fonctionnement des turbines. — Les indications suivantes ont été relevées aux essais du vapeur à turbines *Manxman*, faisant le service des passagers de la

Manche ; elles fournissent une appréciation des résultats atteints par l'application des turbines à cette classe de navires :

Vitesse moyenne sur deux essais, en nœuds...	23,14
Pression de vapeur aux chaudières, en kilog...	13,5
— d'admission à la turbine H.P., — ..	12,65
— — aux turbines B.P., — ..	1,4
Vide au condenseur bâbord, en millimètres ...	717
— — tribord, — ...	721
Tours par minute, turbine H.P...............	533
— — B.P...............	609
Température de l'eau d'alimentation à sa sortie du réchauffeur, en degrés..................	82
Tirage forcé, pression d'air en millim. d'eau...	38

Les indications suivantes se réfèrent aux essais d'un vapeur du service de la Manche, entre Douvres et Calais, à pleine vitesse, toutes turbines donnant :

Vitesse moyenne relevée, en nœuds	22
Puissance effective en chevaux, environ.......	6.500
Pression aux chaudières, en kilogrammes.....	11,25
— à l'admission H.P., —	9,84
— — B.P., —	1,4
Vide aux condenseurs, en millimètres........	584
Vitesse, la même pour les 3 arbres, en tours ..	630
Pas de l'hélice, 1m,571 ; recul, 0/0...........	21

Voici une nouvelle série de relevés, toujours d'après les vapeurs du service de la Manche, dans diverses conditions de fonctionnement :

1° *Marche à puissance réduite :*

Pression aux chaudières, en kilogrammes.....	11,25
— à l'admission H.P., —	5,62
— — B.P., — ,...	1,05
Vide aux turbines de marche arrière, en millim.	635
— condenseurs, en millimètres........	711
Nombre de tours, le même pour les trois arbres.	35

2° *Marche en avant, pleine puissance, toutes turbines donnant :*

Pression aux chaudières, en kilogrammes....	11,6
— à l'admission H.P., —	10,26
— — turbine B.P. bâbord, en kilogrammes............................	0,843
Pression à l'admission turbine B.P, tribord, en kilogrammes............................	0,776
Vide aux condenseurs, en millimètres	685
Pression aux joints étanches H.P. avant et arrière, en kilogrammes..................	0,07
Pression au joint étanche B.P. avant, en kilog.	0,14
— — — — arrière, — .	0,21
Charbon consommé par ch.-v. effectif, — .	0,816

On remarquera que la pression aux joints des turbines basse pression est plus élevée qu'aux joints de la turbine haute pression ; ceci est nécessaire pour éviter l'introduction de l'air dans la basse pression, ce qui détruirait le vide existant à l'intérieur.

3° *Marche en avant avec les deux arbres extérieurs (turbines basse pression seulement)* :

Vitesse du navire, en nœuds..................	15
Vide à la turbine H.P., en millimètres........	507
Pression à l'admission aux turbines B.P., en kil.	1,04
Vide aux condenseurs, en millimètres	698

Ici, l'arbre intermédiaire tourne par réaction dans le vide à une vitesse de 1/3 environ de celle des arbres moteurs.

4° *Marche en arrière, pleine puissance (les deux turbines de renversement montées sur les basses pressions, fonctionnant)* :

Vitesse du navire, en nœuds	14
Vide à la turbine H.P., en millimètres........	507
Pression à l'admission des turbines de renversement, en kilogrammes..................	6,62
Vide aux condenseurs, en millimètres	685
Nombre de tours	500

Dans le steamer qui a servi à relever ces résultats, le pas des propulseurs externes était de 1ᵐ,295, et celui de l'hélice centrale de 1ᵐ,375 ; cette différence est justifiée par le fait que l'arbre central tournait ici moins vite que les arbres latéraux, ce qui nécessitait évidemment un plus grand pas pour obtenir la même avance par tour que les hélices latérales.

Voici, enfin, deux tableaux qui montrent de quelle façon varient les pressions dans les différentes turbines lorsqu'on marche à différentes allures.

NAVIRE DU SERVICE DE LA MANCHE (Puissance, 9.000 chevaux)

1° Essais de vitesse, marche en avant, pleine puissance

NOMBRE de tours par minute moyenne des trois arbres	PRESSION d'admission, turbine de H. P.	VIDE OU PRESSION A LA SORTIE		VITESSE en nœuds
		de la turbine de B.P. Bâbord	de la turbine de B.P. Tribord	
290	0ᵏᵍ,703	533 millim.	533ᵐᵐ de vide	10,68
409	2 ,460	304 —	304 —	14,93
512	4 ,218	1ᵏᵍ,0	1ᵏᵍ,0	18,12
608	8 ,085	1 ,546	0 ,546	20,82
680	10 ,686	1 ,617	1 ,617	22,00

2° Essais de vitesse, marche en arrière avec les deux turbines de renversement en pleine action

VIDE A LA TURBINE de H. P.	PRESSION A LA TURBINE de renversement de bâbord	PRESSION A LA TURBINE de renversement de tribord
457 millim. de vide	6ᵏᵍ,765	5ᵏᵍ,616
635 millim.	3ᵏᵍ,515	3ᵏᵍ,515

A noter qu'à la plus haute pression la vitesse moyenne du navire en arrière était de 14ⁿ,40.; vitesse moyenne des arbres, 540 tours par minute.

Intérêt d'un degré de vide élevé. — Nous avons déjà souligné l'importance toute spéciale du vide dans les turbines à vapeur, l'utilisation de la détente dépendant du vide final. Un exemple numérique fera ressortir cette importance :

Supposons une turbine fonctionnant entre les limites de pression correspondant à une pression d'admission de $9^{kg},843$ et un vide au condenseur de 660 millimètres ; à la dernière expansion de la basse pression, ce vide sera certainement un peu moindre, soit 610 millimètres.

Ce vide correspond à une contre-pression de :

$$\frac{1,033 \times 610}{760} = 0^{kg},829,$$

soit une utilisation dans la turbine basse pression d'une chute de :

$$1,033 - 0,829 = 0^{kg},204.$$

La détente de la vapeur aura donc atteint le chiffre de :

$$\frac{9,843 + 1,033}{0,204} = 53,3 \text{ expansions.}$$

Si, au lieu de 660 et 610 millimètres, le vide avait été poussé au condenseur jusqu'à 710, soit 660 à la turbine, le même calcul nous donnerait, pour le chiffre des expansions :

$$\frac{1,033 \times 660}{760} = 0^{kg},896 ; \qquad 1,033 - 0,896 = 0^{kg},137,$$

et enfin :

$$\frac{9,843 + 1,033}{0,137} = 79 \text{ expansions.}$$

On voit l'énorme influence que possède, sur l'utilisation de la détente, l'augmentation du vide de quelques millimètres.

Pression aux joints étanches. — Voici les conditions de pression et de vide sous lesquelles fonctionnent les boîtes d'étanchéité qui ont été décrites plus haut.

	CHAMBRE EXTÉRIEURE Pression	CHAMBRE INTÉRIEURE Vide
Joints de la turbine H. P.............	0^{kg},07	254 à 380^{mm}
— B. P.............	0 ,14	127 à 380

Les boîtes sont alimentées en vapeur depuis la conduite principale ; un détendeur abaisse la pression à 2^{kg},80, puis le robinet d'admission établi sur la boîte même fait subir à la vapeur un laminage qui ramène la pression à la limite portée sur le tableau. Le vide est maintenu dans les boîtes de la turbine haute pression par une connexion avec la troisième expansion de la turbine basse pression, et dans les boîtes de la turbine basse pression par une connexion directe avec le condenseur. Toutefois, dans la marche en avant avec les turbines latérales seules, ou dans la marche en arrière, les chambres intérieures des boîtes de la turbine haute pression sont également directement connectées au condenseur, et il y règne un vide oscillant autour de 351 millimètres. A cet effet les robinets d'admission de vapeur aux boîtes sont à deux voies, afin de permettre de relier à volonté les chambres à la troisième expansion de la turbine basse pression ou au condenseur. Les robinets d'admission des boîtes de la basse pression et les robinets d'échappement de toutes les boîtes sont simples.

III

DONNÉES RELATIVES AUX PROPULSEURS

Nombre d'hélices. — Il y a autant d'hélices que de turbines, trois dans la disposition la plus courante. Toutefois, les navires de très grande puissance, tels que les transatlantiques et les cuirassés, sont équipés avec quatre lignes d'arbres et quatre propulseurs.

Équilibrage des hélices. — Les hélices des turbines doivent être très soigneusement équilibrées, dans le but d'éviter les vibrations. A cet effet les propulseurs, montés sur un arbre de fortune, sont équilibrés à la façon décrite au sujet des rotors, en ajoutant ou enlevant de la matière au dos des pales.

La surface de poussée des ailes doit être soigneusement polie, la friction de l'eau sur les ailes ayant une importance aujourd'hui reconnue.

Proportions des hélices. — Les hélices sont terminées par de longs cônes, dont le but est de permettre à l'eau chassée par la propulsion de s'écouler sans remous, réduisant la résistance nuisible au minimum.

Étant donnée la grande vitesse de rotation, le pas des hélices des turbines est nécessairement faible ; de même et pour la même raison, leur diamètre est réduit. On est obligé, dans ces conditions, pour pouvoir conserver la surface de poussée convenable, de donner aux ailes un rapport plus grand qu'à l'ordinaire entre la surface développée des ailes et celle du cercle circonscrit. C'est pourquoi on peut voir, sur les types de propulseurs que nous rapportons ici, que les ailes sont beaucoup plus plates ou beaucoup plus larges que les ailes d'hélices ordinaires.

Il arrive encore fréquemment qu'on soit obligé, en cours des essais, de modifier les proportions de l'hélice pour obtenir une plus grande vitesse ; la théorie des hélices à grande vitesse n'est pas encore établie sur des bases pratiques suffisantes pour qu'on puisse établir à coup sûr un type de propulseur donnant toute satisfaction aux essais.

On appelle rapport de pas, le rapport du pas au diamètre ; dans les hélices ordinaires, ce rapport est habituellement choisi entre 1 et 1,4 ; dans les hélices de turbines, on est obligé de réduire la valeur de ce rapport, qui est généralement pris entre 0,8 et 0,9. Autrement dit, le pas est plus grand que le diamètre dans les hélices à faible vitesse, alors qu'il est plus petit que le diamètre dans les hélices à grande vitesse.

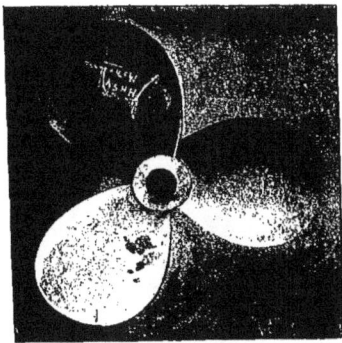

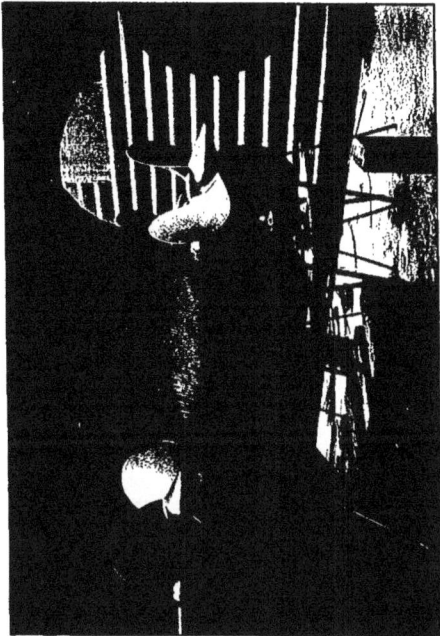

Types de propulseurs pour navires à turbines.

Vue des hélices du yacht du Khédive d'Égypte, montage à trois arbres.

(Page 136 *bis*.)

Hélice à trois ailes du *Lorena* : pas, 1ᵐ,50 ; diamètre, 1ᵐ,80 ; rapport du pas au diamètre, 0ᵐ,83.

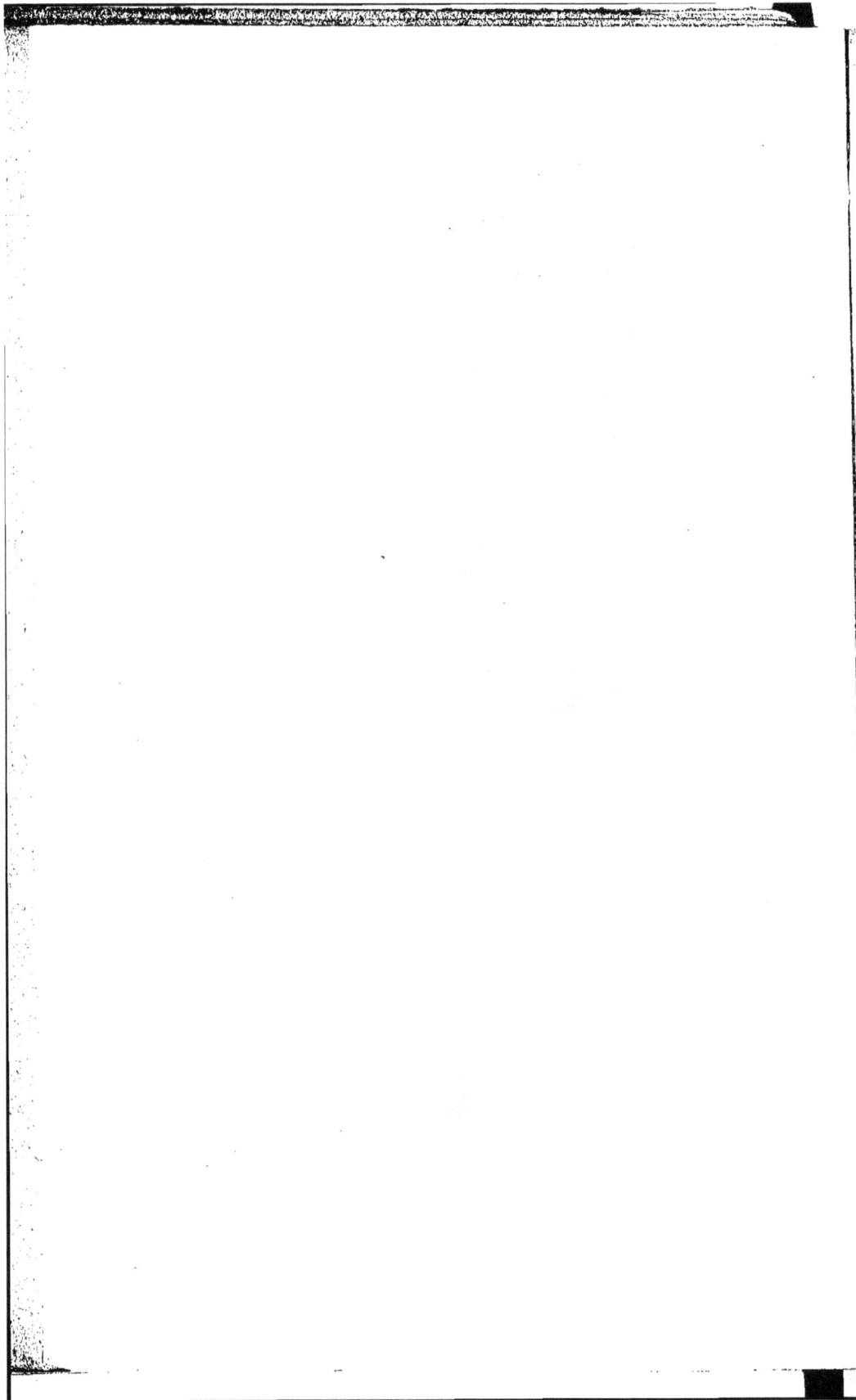

De même pour le rapport de surface, ou rapport de la surface développée des ailes à celle du cercle passant par leur

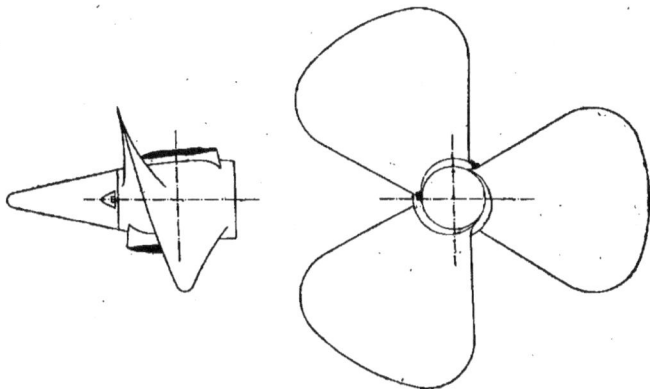

Type d'hélice en bronze pour turbines.

Diamètre........ 1ᵐ,219   Pas.................... 2ᵐ,59
Rapport du pas... 0,91   Rapport de la surface... 0,56

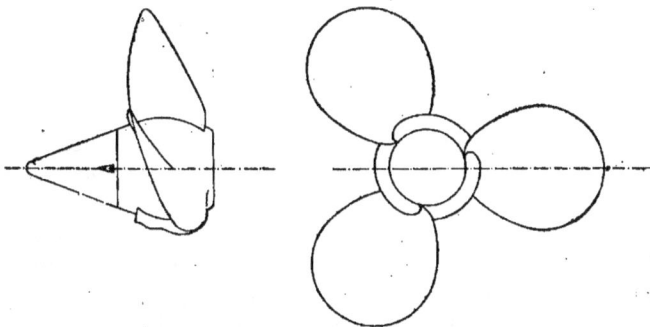

Type d'hélice de turbines.

Pas................................. 1ᵐ,523
Diamètre........................... 1 ,700
Surface développée................. 1ᵐ²,096
Rapport du pas..................... 0,89
Rapport de la surface.............. 0,45

extrémité. Ce rapport est usuellement pris entre 0,3 et
0,4; pour pouvoir conserver la valeur voulue à la surface de

poussée dans les hélices-turbines, il faut porter ce rapport à 0,4/0,8.

Il ne faut pas confondre la surface développée des ailes avec la surface projetée, qui est celle que l'on voit en regardant le propulseur de face arrière ; c'est cette dernière qui constitue la surface effective de poussée du propulseur.

L'utilité d'un pas variant suivant une loi déterminée, soit radialement, soit circonférentiellement, est discutable pour les hélices ordinaires, ainsi que l'inclinaison de la génératrice sur l'axe ; nous croyons fermement que, pour les hélices à grande vitesse, où la question des remous et de l'effet centrifuge de la colonne d'eau déplacée possède une importance particulière, l'on doit étudier l'opportunité de ces variations.

C'est ainsi que nous citerons, par exemple, les propulseurs des grands paquebots à turbines de Cunard, qui ont un pas variant circonférentiellement, la valeur moyenne du pas étant de 4^m,778. Avec un recul de 15 0/0, la vitesse doit atteindre 25 nœuds à la vitesse de 190 tours. Ce sont là des conditions théoriques ; en réalité, la valeur du recul varie dans de grandes proportions dans les navires à turbines, suivant la vitesse et l'état de la mer.

Rendement des hélices. — Au delà d'une certaine vitesse, dépendant pour une même hélice du diamètre et des rapports de pas et surfaces adoptés, le rendement diminue rapidement, eu égard au phénomène de cavitation. Le recul s'accroît alors rapidement et le rendement diminue inversement. Les conditions de meilleur fonctionnement sont donc opposées dans les turbines et les propulseurs : alors que les premiers ont leur maximum de rendement aux vitesses de rotation élevées, les deuxièmes présentent leur maximum de rendement pour les vitesses réduites. Le problème consiste donc à choisir une vitesse de rotation commune, qui assure le meilleur rendement moyen.

L'on a remarqué défavorablement que les hélices à grande

vitesse perdaient de leur effet par gros temps ou vent debout, et en outre que la vitesse en service courant était toujours notablement inférieure à celle qui a été réalisée aux essais.

Phénomène de cavitation. — C'st ce phénomène qui constitue la plus grosse difficulté à vaincre dans l'établissement des hélices à grande vitesse ; il est dû au fait que, aux grandes vitesses, la pression atmosphérique est insuffisante pour refermer à temps la masse d'eau sur la surface des ailes d'hélice. L'aile ne trouvant plus alors la masse de liquide nécessaire pour s'appuyer et produire la poussée utile, l'effet d'avancement est bien diminué. Voici ce que dit relativement à la cavitation le mémoire de M. Speakman déjà cité :

La cavitation est due en partie à un excès de travail demandé aux ailes par unité de surface, et en partie aux vitesses périphériques trop élevées. L'expérience a en effet démontré qu'il existe une limite critique pour la valeur de la pression praticable par unité de surface d'aile, au delà de laquelle le rendement baisse très brusquement. Cette pression critique est approximativement de 0,7/0,85 kilogramme par centimètre carré pour une profondeur au-dessous de la surface de l'eau de $0^m,30$. Il faut donc, en calculant une hélice, indépendamment de toute autre considération, que la surface d'ailes soit suffisante pour que la pression ou poussée unitaire ne dépasse point cette valeur.

La friction de l'eau sur les ailes et le recul sont les deux pertes inévitables qu'on constate avec tout propulseur ; pour les hélices de turbines, on peut leur conserver la même importance relative : autrement dit, les hélices à grande vitesse ne sont pas désavantagées sous ce rapport. Dans les navires de tonnage moyen, tels que les vapeurs faisant le service du Pas de Calais, le recul varie entre 17 et 24 0/0 ; dans les grands transatlantiques à turbines, il est de 16 à 20 0/0.

Reste la cavitation imputable à un excès de vitesse circonférentielle. On reconnaît la présence du phénomène de cavitation lorsque la courbe des poussées baisse brusquement, et celle des reculs monte de même à mesure qu'on accroît les vitesses de rotation.

L'étude attentive de nombreux résultats d'essais démontre que la pression critique, calculée à partir de la poussée effective et ramenée au centimètre carré de surface d'ailes projetée, sous une profondeur d'eau de $0^m,305$, est de $0^{kg},07$ par 300 mètres, par minute de vitesse circonférentielle à l'extrémité des ailes. Ceci revient à dire que la pression critique varie avec le type de navire, dont la vitesse est prévue.

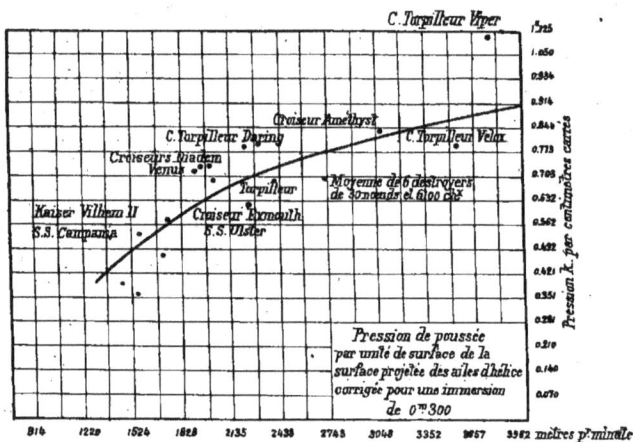

Diagramme des vitesses circonférentielles usuelles.

Sur le graphique suivant, on a tracé une courbe moyenne d'après les données de l'expérience, qui permet d'adopter une valeur de la pression convenable, selon la vitesse circonférentielle de l'extrémité des ailettes. Il s'agit, bien entendu, de pression moyenne en kilogrammes par centimètre carré de surface d'ailes projetée, car il n'existe pas de procédé permettant d'évaluer la pression en un point déterminé des ailes.

La plus grande vitesse circonférentielle qui ait été adoptée était sur le destroyer anglais *Viper*, où elle atteignait

3.780 m. : m. Sur le *Velox* elle est de 3.550 mètres, et la vitesse classique adoptée pour les hélices de torpilleurs est de 2.745 m : m.

Le rapport de pas, plus faible avons-nous dit, sur les navires à turbines était de 0,6 sur le yacht *Emerald*, de 0,8 à 1 sur les vapeurs du service du Pas de Calais et les croiseurs ; pour les petits bateaux rapides, il est un peu plus élevé : 1 sur le *Velox*, 1,35 sur le *Viper* et 1,35 sur le *Cobra ;* les vitesses de ces dernières unités étaient de 900, 1.200 à 1.050 tours, pour des vitesses aux essais de 27, 36 et 31 nœuds.

D'après les essais effectués sur différents types d'hélices dans les bassins d'expérience de l'Amirauté américaine, il ressort que l'adoption d'une surface d'aile symétrique permet de reculer la limite de pression au delà de laquelle apparaît la cavitation ; il semblerait donc résulter de ces essais que la forme du revers de l'aile aurait, dans les hélices à grande vitesse, une importance presque aussi grande que celle de la surface travaillante.

La tendance la plus prononcée, concernant l'établissement des hélices de turbines, consiste dans l'accroissement de la valeur donnée au rapport de surface. Le rapport de 0,2, préconisé jadis par Froude, celui de 0,22 à 0,26, couramment employé dans la Marine anglaise, sont aujourd'hui portés à 0,33 et même davantage pour les petites unités. Mais, pour les hélices à grande vitesse, on dépasse franchement ces valeurs, et on adopte couramment 0,55 à 0,56 ; toutefois, on ne dépasse pas 0,58, car, au delà, de nouvelles considérations interviennent, et l'on ne pourrait accroître encore le rapport sans être obligé d'accroître le diamètre.

Quant à la meilleure forme à donner aux ailes, on est encore dans l'indécision. La forme de l'hélice du *Lorena*, que reproduit la photographie donnée plus haut, semble résumer la forme qu'on adopte le plus généralement pour les ailes des propulseurs à grande vitesse ; toutefois, on ne peut pas dire que cette forme présente un avantage marqué sur toute autre.

Calcul des hélices de turbines. — La formule ci-après, de M. Speakman, donne très exactement le meilleur diamètre à adopter lorsqu'on connaît la valeur de la poussée :

$$\text{Diamètre en mètres} = \sqrt{\frac{\text{poussée}}{\text{coefficient}}} = \frac{\sqrt{\text{poussée}}}{c}.$$

Ce coefficient a été déduit de la pression limite convenable et de la valeur du rapport de surface assurant que la cavitation

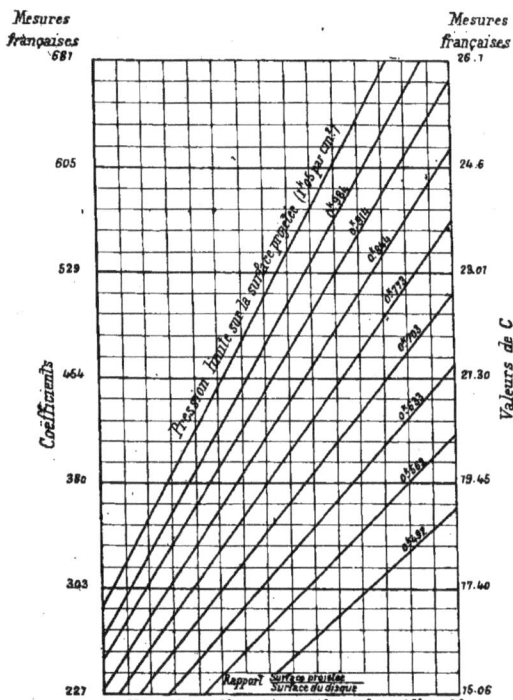

Diagramme pour le calcul des hélices de turbines.

est évitée. Le graphique ci-joint donne les valeurs de ce coefficient ; sur la gauche sont portées les valeurs du coefficient lui-même, et sur la droite les valeurs de c ou $\sqrt{\text{coefficient}}$, la racine n'étant ici extraite que pour la commodité du calcul. Ce coefficient était de 21,6 pour le *Viper* et, pour le *Manxman*, de 22,97 pour l'hélice centrale, et de 25,01 pour les hélices externes. Pour les grosses unités, telles que les transatlantiques et les cuirassés, ce coefficient sera plus faible, par exemple égal à 18 ou 19.

Au surplus, voici réunies dans le tableau suivant les principales caractéristiques et la valeur du coefficient pour différentes unités qui ont été équipées avec des turbines.

DIMENSIONS D'HÉLICES A GRANDE VITESSE POUR TURBINES

NAVIRES	TYPES	NOMBRE d'hélices	DIAMETRE en mètres	PAS en mètres	RAPPORT du pas	VITESSE à l'extrémité de l'aile mètres p^r min.	C approximatif
Turbinia.........	Navire d'expériences	9 / 3	0m,456 / 0,710	0m,607 / 0,710	1,33 / 1,00	3,312m / —	24,4[1] / 27,2[1]
Viper.........	Torpilleur destroyer	8	1,015	1,219 A / 1,371 AR	1,20 / 1,35	3,767	26,2
Amethyst.........	Croiseur de 3e classe	3 {1 / 2}	1,980	1,980 / 1,778	1,00 / 0,898	2,804 / 3,048	26,8
Manxman.........	Vapeur de la Manche	3 {1 / 2}	1,878 / 1,602	1,701 / 1,524	0,906 / 0,896	3,129 / 3,278	22,97 / 25,01
Londonderry.........	Vapeur de la Manche	3 {1 / 2}	1,524	1,371	0,900	3,211 / 3,293	26,8
Dieppe.........	Vapeur de la Manche	3	1,600	...	...	3,081 / 3,169	25,2
Carmania.........	Paquebot transatlant.	3	4,267	3,962	0,928	2,476	18,3
Victorian.........	Paquebot intermédiaire	3	2,897[2]	2,590	0,895	2,453	21,45

1. Valeurs calculées d'après la même poussée effective dans les deux cas.
2. Hélices primitives à quatre ailes.

ÉLÉMENTS DES HÉLICES		HÉLICES ESSAYÉES			
		Huit petites	Quatre grandes	Quatre grandes et quatre petites	Quatre grandes modifiées
D. Diamètre des hélices	petites...........	$1^m,372$	»	$1^m,372$	»
	grandes intérieures	»,	$1^m,700$	$1^m,700$	$1^m,750$
	grandes extérieures	»	$1^m,700$	$1^m,600$	$1^m,600$
P. Pas des hélices	petites...........	$1^m,372$	»	$1^m,372$	»
	grandes intérieure	»	$1^m,499$	$1^m,499$	$1^m,575$
	grandes extérieures	»	$1^m,499$	$1^m,499$	$1^m,435$
$\frac{P}{D}$ Rapport du pas au diamètre	petites...........	1	»	1	»
	grandes intérieures	»	0,882	0,882	0,900
	grandes extérieures	»	0,882	0,937	0,900
S. Surface projetée des ailes	petites...........	$0^m,5922$	»	$0^{m2},5922$	»
	grandes intérieures	»	$0^{m2},8823$	$0^{m2},8823$	$1^{m2},443$
	grandes extérieures	»	$0^{m2},8823$	$0^{m2},8823$	$1^{m2},203$
$\frac{S}{\frac{\pi D^2}{4}}$ Rapp. de S à la section $\frac{\pi D^2}{4}$	petites...........	0,400	»	0,400	»
	grandes intérieures	»	0,389	0,389	0,600
	grandes extérieures	»	0,389	0,389	0,600
Nombre de tours réalisés N...		672	640	601	625
Vitesse circonférentielle des hélices $\frac{N \times \pi D}{60}$ par seconde.		$4^m,827$	$5^m,697$	petit. $43,17$ grand. $51,90$	intér. $57^m,30$ extér. $52^m,40$
Vitesse en nœuds réalisée V..		22,37	23,16	22,56	22,5
Coefficient de recul..........		25,11 0/0	26,5 0/0	20,3 0/0	25,8 0/0
Puissance en chevaux mesurée sur l'arbre...............		13.705	14.158	13.573	13.879

La recherche d'un type convenable d'hélices pour le croiseur allemand *Lübeck* a donné lieu à de laborieux essais. Le tableau ci-dessus, reproduit d'après la *Marine Rundschau*, montre les essais successifs ; ces essais sont tous fort peu satisfaisants, et les résultats bien inférieurs à ceux obtenus avec les hélices du croiseur *Amethyst*, qui lui est comparable comme classe. C'est certainement à un trop grand rapprochement des deux arbres

10

porte-hélice qu'il faut attribuer ce mauvais rendement, et le recul élevé constaté.

Les valeurs de C pour des machines alternatives sont plus faibles : 14,35 pour le *Lucania*, 15,20 pour les croiseurs, tels que le *Diadem*. Pour les destroyers et torpilleurs filant 30 nœuds, d'une puissance de 6.000 chevaux, il est de 18,10. Toutes ces unités ont un rapport de surface moins élevé et, par suite, un plus petit diamètre et une moins grande valeur de C pour une puissance donnée.

Dans les conditions de marche en haute mer, la résistance est souvent accrue par des causes secondaires, telles que vent debout, etc., et, pour maintenir la même avance, on force le nombre de tours, ce qui peut avoir pour effet de produire la cavitation, d'où perte de poussée utile, autrement dit augmentation de recul. Une hélice, qui aura donné aux essais un recul de 15 0/0, pourra très bien présenter en service de mer un recul de 30 0/0.

Il suit de ce qui précède que l'augmentation de la vitesse périphérique et la diminution du pas ne donnent pas toujours de bons résultats, le phénomène de la cavitation entrant en ligne de compte si l'on dépasse certaines limites pour la valeur du nombre de tours.

En résumé, nous pouvons dire, de façon générale :

Un rendement élevé de la turbine correspond à un rendement médiocre pour l'hélice, et réciproquement. La solution devra donc être recherchée par le sacrifice de l'un ou de l'autre de ces rendements maxima. Le plus souvent, c'est le rendement du propulseur qui est sacrifié en faveur du rendement de la turbine, qui fonctionne ainsi dans des conditions des plus économiques.

Rendements respectifs de la turbine et de l'hélice. — Pour les machines du type Parsons, le rendement maximum est atteint lorsque la vitesse périphérique est égale à la moitié de la vitesse d'écoulement de la vapeur. Pour satisfaire à cette condition, nous avons vu qu'on dispose de deux moyens : l'augmentation du nombre de tours qui a l'inconvénient de conduire à des vitesses trop élevées pour l'hélice, et l'accroissement du diamètre, qui a l'inconvénient de conduire à une augmentation considérable du poids et des conditions de fabrication.

Cette dernière considération est posée comme plus défavorable que la première, et l'on adopte un compromis entre les deux, la balance penchant du côté de la turbine aux dépens de l'hélice ; c'est pourquoi, dans la plupart des navires à turbines, on constate une valeur d'un recul plus considérable que dans les navires à machines à piston.

Nous faisons, dans le tableau ci-après, un parallèle entre les conditions de rendement comparées pour la turbine et le propulseur d'après la vitesse adoptée :

GRANDES VITESSES (500 TOURS)	
Avantages pour les turbines	Inconvénients pour l'hélice
1. Turbines moins lourdes et peu encombrantes.	1. Hélices de plus faible diamètre, moins efficaces en présence de gros temps et de vent debout.
2. Réductions des pertes occasionnées par le jeu aux ailettes, ces pertes variant en raison inverse du carré de la vitesse.	2. Risques de cavitation.
3. Meilleur rapport entre les vitesses périphériques d'ailettes et d'écoulement de la vapeur.	3. Faible marge pour forcer le nombre de tours, à cause de la limite de cavitation.
BASSES VITESSES (150 TOURS)	
Avantages pour l'hélice	Inconvénients pour la turbine
1. Hélices de grand diamètre résistant mieux au gros temps et vent debout.	1. Turbines lourdes et encombrantes ; difficulté de construction accrue.
2. Risques de cavitation très réduits.	2. Augmentation des jeux et des pertes correspondantes.
3. Possibilité de forcer la vitesse sans craindre la cavitation.	3. Augmentation sensible des effets centrifuges et gyroscopiques.

Résultats pratiques ; qualités manœuvrières, etc. —
Nous croyons devoir placer ici le résumé d'un Mémoire sur :
Quelques questions pratiques relatives au fonctionnement des Turbines marines, présenté par M. C. Parsons et M. Wheatler
Ridsdall, au Congrès d'Architecture et de Constructions navales,
tenu à Bordeaux en juin 1907. Les points examinés dans ce
Mémoire sont les suivants :

Les qualités de manœuvre des navires à turbines. — Les auteurs
du Mémoire indiquaient que soixante et un navires à turbines
étaient en service, dont quelques-uns depuis plusieurs années
employés à une navigation très active dans des eaux très
fréquentées, et que ce service s'était fait avec une régularité
remarquable, sans méprise sérieuse d'aucune sorte. Ce qui
était d'autant plus à considérer qu'il était fait avec des navires
pourvus de machines motrices d'un type absolument nouveau
et que ceux qui conduisaient ces navires venaient directement
de bâtiments ordinaires, à roues ou à hélices, sans aucun
apprentissage pour un bâtiment à turbines.

Il a été constaté que la plupart des accidents de mer signalés
annuellement au Lloyd étaient dus à des accostages un peu
brusques sur des quais ou des jetées. De semblables accidents
ne peuvent venir que des machines qui n'obéissent pas assez
promptement à la manœuvre de renversement. Or l'absence
à peu près complète d'accidents de cette nature avec les navires
à turbines tendrait à démontrer que la manœuvre y est plus
sûre que pour les machines alternatives.

Ci-après est un tableau de résultats obtenus avec les navires
à turbines et des navires à machines alternatives. Ces résultats
indiquent qu'un navire à turbines, marchant à une vitesse
modérée, c'est-à-dire à allure ordinairement adoptée quand un
navire est appelé à manœuvrer, est stoppé en un temps et sur
une distance qui sont pratiquement les mêmes, sinon moindres,
que celles d'un navire ordinaire à deux hélices de la même
classe, et que, dans la marche à grande vitesse, temps et
distance pris par le stoppage sont à peine un peu plus grands

avec le navire à turbines. Au surplus, l'on peut se demander si la nécessité de stopper un navire filant droit devant lui à toute vitesse, dans la plus courte distance possible, se présente bien souvent dans la navigation courante. En 1877, une Commission était nommée, en Angleterre, pour examiner cette question, et elle concluait que la simple mise en marche en arrière, dans une rencontre à toute vitesse, a souvent l'abordage pour conséquence, alors que ce résultat pourrait être évité en continuant à aller en avant et usant du gouvernail.

RÉSULTATS D'EXPÉRIENCES DE STOPPAGE DE NAVIRES A TURBINES

TYPES DES NAVIRES	VITESSE au moment du renversement de marche	DISTANCE PARCOURUE jusqu'à l'arrêt		TEMPS écoulé jusqu'à l'arrêt	
	En nœuds	En mètres	En longueurs	min.	sec.
Le *Queen Alexandra* (cruiser de plaisance de rivière) .	10	64,0	0,75	0	47
Le *Dieppe* (des services de la Manche)............	12	91,4	1,10	0	41
Le *Princesse-Elisabeth* (de la Manche)	17	157,273	1,50	1	5
Croiseur allemand *Lübeck*.	5	50,29	0,48	»	»
	9	109,726	1,05	»	»
	11	193,550	1,87	»	»
	7	47,852	0,75	0	27
Destroyers de 400 tonnes..	9	43,890	0,72	0	23
	12	103,63	1,70	0	29
	17	170,68	2,80	0	33

A titre comparatif, voici les résultats de stoppage obtenus avec des navires munis de machines à piston :

TYPES DES NAVIRES	VITESSE au moment du renversement de marche	DISTANCE PARCOURUE jusqu'à l'arrêt		TEMPS écoulé jusqu'à l'arrêt	
	En nœuds	En mètres	En longueurs	min.	sec.
Cuirassé *Indiana*.........	14,5	307,25	3,0	»	»
	5	56,08	0,54	»	»
Hambourg, petit croiseur..	9 .	109,72	1,05	»	»
	11	179,83	1,75	»	»

Prenons, par exemple, le *Vicking*, un vapeur de 106^m,70
de longueur entre perpendiculaires et de 2.500 tonneaux de
déplacement. Marchant en avant à toute vitesse, ce vapeur
peut faire un cercle de 455 mètres de diamètre, représentant
4,25 longueurs du bâtiment. Ce navire, renversant sa machine
en arrière, parcourt encore 2,5 longueurs, s'il conserve la
direction de sa marche ; or si, au lieu de renverser la marche,
il combine l'action du gouvernail et des machines, il pourra
certainement virer sur 90° dans une distance moindre que
2 fois 1/2 sa longueur.

On peut à ce sujet consulter aussi le tableau ci-après.

TABLEAU COMPARATIF DES CERCLES DE GIRATION ET
DISTANCES NÉCESSAIRES POUR STOPPER UN NAVIRE
MARCHANT A GRANDE VITESSE.

NOMS ET TYPES DE NAVIRES	VITESSE totale en avant 1	VITESSE en avant pendant l'expérience 2	DIAMÈTRE du cercle de virage 3	DISTANCE PARCOURUE avant le stoppage à la vitesse de la colonne 2		TEMPS écoulé 5	VITESSE totale en arrière 6
				4			
	nœuds	ronds	mètres	mètres	nombre de longueurs du navire	min. sec.	nœuds
Vapeur à turbines *Vicking* (de la Manche)..........	23,5	20,0	449,57	»	»	1,45[2]	»
Vapeur à turbines *Princesse-Elisabeth* (de la Manche)..	24,0	20,0	»	210,30	2,0	1,26	16
Vapeur à turbines *Queen* (de la Manche).........	21,75	19,0	»	237,74	2,5	1,7	12
Croiseur à turbines *Lubeck*[1]	23,0	22,0	»	466,30	4,5	1,45	
Destroyer à turbines......	28,0	27,0	274,3	217,90	3,6	0,38	16
Cuirassé *Nebraska*, à machines alternatives.......	»	19,0	306,6	»			
Cuirassé *Indiana*.........	»	14,5	»	307,25	3,0		

Les turbines de marche arrière. — Des vapeurs ont été
pourvus d'appareils de marche arrière, de puissance permettant d'obtenir, au moment du renversement de la marche,

1. Les résultats ci-dessus ont été, pour le *Lübeck*, empruntés à la *Marine Rundschau*.
2. Ce résultat a été recueilli pendant un essai à toute vitesse en avant.

de 65 à 80.0/0 du nombre de tours de la marche en avant à toute vapeur.

Il s'agit ici d'installations à trois arbres avec une turbine de marche arrière sur chacun des arbres latéraux. Les installations à quatre arbres ne sont en service que depuis trop peu de temps pour que leurs résultats puissent donner des indications suffisantes. Il y a dans celles-ci quatre turbines de marche arrière, fonctionnant en série, une sur chaque arbre. Celle de la haute pression est séparée de la turbine principale, tandis que celle de la basse pression est en prolongement de la turbine de marche avant.

La question de la vitesse dans la marche n'est que d'importance secondaire, parce que, si les navires ont une puissance de stoppage suffisante, ils auront toujours en arrière assez de vitesse pour les besoins du service. On peut cependant citer deux navires ayant donné, en arrière, une vitesse de plus de 16 nœuds. Ce sont le destroyer allemand *S.125* et le vapeur *Princesse-Elisabeth*, du service de Douvres à Ostende. Sur ce dernier la vitesse en arrière était les 68 0/0 de la vitesse maxima en avant. Cette vitesse en arrière dépend aussi beaucoup des lignes du navire.

L'effort de rotation exercé sur l'arbre, dans la marche arrière, n'est pas, non plus, de première importance ; l'essentiel, en effet, est que toute la surface de l'hélice soit utilisée. Une expérience au dynamomètre de torsion, destinée à déterminer cet effort pendant une marche soutenue en arrière, indiquait qu'il était de 20 à 25 0/0 de la puissance maxima en avant, et que l'effort total, exercé au moment même du renversement de la marche et du stoppage du navire, était de 35 0/0. Cette expérience était faite pourtant sur un navire dont l'appareil de marche arrière n'était pas de la disposition la plus favorable. Dans ces conditions mêmes, la rotation était renversée en l'espace de 12 secondes, à partir de l'instant où l'ordre en était reçu, et la puissance de renversement était suffisante pour produire de la cavitation aux hélices, jusqu'à l'arrêt du navire. Ces turbines développaient donc le maximum d'effet utile.

La vitesse en service. — La vitesse d'un navire à turbines, en haute mer, par rapport à celles obtenues en eaux calmes, est à considérer. La relation entre ces deux vitesses varie suivant le type de navires.

Les bâtiments à roues sont ceux qui, dans des eaux agitées, perdent le plus de vitesse, surtout quand ils ont la mer par le travers. Sur les bâtiments à hélices et machines alternatives, l'emballement du propulseur se fait fâcheusement sentir, tandis qu'avec les navires à turbines les hélices, par suite de leur diamètre plus petit et de leur plus grande immersion, ne s'emballent jamais, et, quel que soit l'état de la mer, toute l'admission peut être conservée aux turbines, avec une sécurité absolue pour la machinerie. Le nombre de tours avec les turbines n'augmente que de très peu, même par mer exceptionnellement grosse et agitée.

L'on sait que des torpilleurs et des destroyers à turbines ont navigué à leur puissance maxima par de très gros temps et qu'ils se sont montrés parfaitement indemnes d'accidents. La vitesse était toujours commandée, de la passerelle, par des considérations se rapportant à la navigation et n'était jamais modifiée pour des raisons venant de la chambre des machines. La démonstration de cette qualité était d'ailleurs donnée, dès l'origine, en 1894, avec la *Turbinia*.

On pourrait citer plusieurs exemples, pris dans les navires de la Manche. Nous nous bornerons à celui de la *Princesse-Élisabeth* qui, pendant l'hiver de 1905-1906, a fait, à la vitesse moyenne de 22 nœuds, la traversée d'Ostende à Douvres, avec des temps officiellement donnés comme correspondant à une tempête modérée et des vents dont la force était de 7 à 8, équivalant à 25 nœuds. Ce fait doit suffire, surtout si l'on veut considérer qu'il s'agit d'un navire de 105 mètres ayant seulement 3 mètres de tirant d'eau.

Des navires de forme plus pleine, ayant les lignes au-dessus de l'eau évasées sur l'avant, doivent nécessairement éprouver, par mer debout, une plus grande résistance.

La catégorie des navires intermédiaires peut, avec des turbines, perdre, par rapport à ceux qui sont pourvus de machines alternatives, un peu plus de vitesse. C'est avec un tangage capable d'augmenter, dans une assez large mesure, la résistance de la coque, mais non encore suffisant pour obliger le navire à machines alternatives à modérer sa vitesse du fait de l'emballement des hélices. Mais, d'une manière générale et tenant compte de toutes les conditions de temps rencontrées pendant la durée d'un voyage, on peut se demander si, dans cette catégorie encore, le navire à turbine n'est pas au moins égal à celui de même classe pourvu de machines ordinaires.

Les grands transatlantiques à turbines ont, à ce point de vue, probablement un certain avantage sur les mêmes navires munis de machines alternatives et ce, par toutes les conditions de temps et de mer, l'avantage que peut revendiquer leur prototype plus petit des services de la Manche.

Les navires de guerre, autres que les destroyers déjà mentionnés, suivent les mêmes principes. L'expérience a déjà démontré que les petits croiseurs et les navires du type *Scouts* peuvent, à cet égard, soutenir avantageusement la comparaison avec des navires identiques pourvus de machines alternatives. C'est ainsi qu'un petit croiseur ayant seulement $103^m,70$ de longueur a effectué un essai de vingt-quatre heures à la vitesse de 20 nœuds en haute mer, avec un vent de la force de 7. Cette vitesse, un navire similaire, à machines alternatives, n'aurait certainement pu la soutenir qu'avec de sérieuses difficultés, et non sans quelque danger pour ses machines.

Quant aux cuirassés, les résultats connus du seul qui soit à flot, le *Dreadnought*, indiquent qu'il y a absence de difficultés d'aucune espèce à soutenir la vitesse par gros temps.

IV

PUISSANCE, CONSOMMATION, RÉSULTATS D'ESSAIS

Évaluation de la puissance des turbines[1]. — Nous avons déjà signalé que l'absence d'appareil indicateur applicable aux turbines ne permettait pas d'évaluer la puissance dépensée d'après les procédés classiques pour les machines à piston.

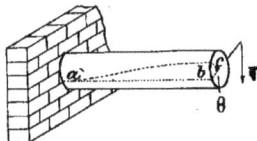

θ, Angle de torsion d'un arbre, mesuré par l'arc bc.

On a alors recours à la mesure directe de la puissance développée sur l'arbre de transmission ; sous l'influence de l'effort à transmettre, l'arbre subit un effet de torsion θ dont on mesurera la valeur ; par comparaison de la valeur relevée avec les résultats d'expériences de torsion effectuées en atelier où l'on disposait de moyens précis pour la mesure de la puissance, on pourra donc obtenir une approximation suffisamment précise de la puissance cherchée.

Quand un arbre transmet un effort, il travaille à la torsion, et la valeur de l'angle de torsion est donnée par l'expression :

$$\theta = \frac{32}{\pi} \frac{TL}{CD^4},$$

dans laquelle θ est le déplacement angulaire en degrés; T, le

[1]. Nous donnons ici la substance d'un article sur les torsiomètres, que nous avons publié dans *l'Électricien* (J. Izart, *Emploi des torsiomètres pour la mesure des puissances*), n° 907, 16 mai 1908.

moment de torsion en mètres-kilogrammes; L, la longueur
considérée en mètres; C, le module d'élasticité; et D, le diamètre
en mètres ; cette formule ne s'applique qu'au-dessous de la
limite d'élasticité, ce qui est la condition des arbres de transmission, qui doivent toujours être calculés avec un facteur de
sécurité suffisant. C'est ainsi que, pour les arbres d'hélice, l'angle
de torsion ne dépasse pas, à pleine puissance, 1° pour 3 mètres
de longueur, ce qui correspond, avec un diamètre de $0^m,30$,
à un déplacement circonférentiel de moins de $3^{mm},5$.

C'est ce déplacement, qui possède une valeur proportionnelle
à l'effort transmis, qu'on mesure à l'aide de différents appareils
qui ont été appelés dynamomètres de torsion ou, plus simplement, « torsiomètres ». Si l'on tient compte en effet que le
moment résistant d'un propulseur fonctionnant dans l'eau à
une profondeur suffisante est extrêmement régulier, on pourra,
en partant de l'angle de torsion et du nombre de tours, calculer
avec une approximation très suffisante la puissance transmise
par l'arbre.

Avec les machines alternatives où la valeur du couple de
torsion varie de façon sensiblement sinusoïdale durant un tour,
une telle méthode ne pourrait être usitée avec exactitude qu'en
mesurant la valeur de l'angle de torsion en plusieurs points de
la circonférence pour un même tour, ou mieux encore de façon
continue, et en en prenant la moyenne.

Il importe surtout de bien spécifier le chiffre numérique du
module de rigidité, chiffre dont dépend la valeur de l'angle
pour une charge statique de torsion agissant à l'extrémité d'un
bras de levier déterminé. Vu l'importance considérable de ce
facteur, le mieux est de déterminer sa valeur par une mesure
directe en atelier, sur le banc d'un tour : les figures ci-après
donnent le dispositif à employer. L'arbre est fixé à un bout, et
à l'autre on applique une charge de valeur connue ; pour
éliminer l'influence de la friction sur le support de l'extrémité
libre, on appliquera deux demi-charges symétriques, comme
le montre le croquis ; les charges seront mesurées au moyen
de dynamomètres de traction ; deux index, indépendants des

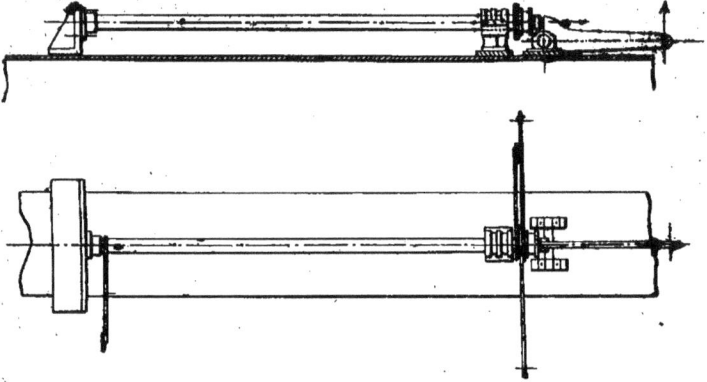

Mesure expérimentale du module d'élasticité d'un arbre.

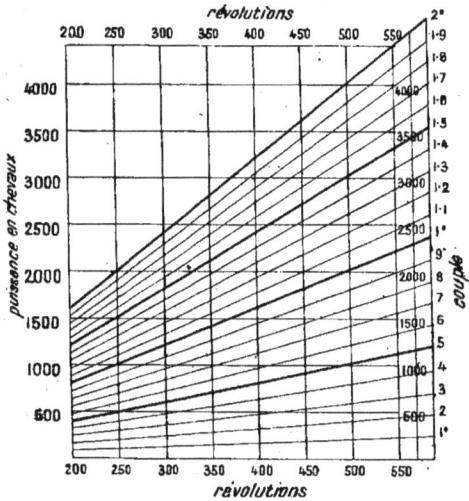

Type de diagramme-barême, donnant la puissance transmise par l'arbre,
connaissant le nombre de tours et l'angle de torsion.

leviers d'application de la charge et suffisamment longs pour estimer aisément le 1/100° de degré, permettront de mesurer très exactement la valeur de l'angle de torsion. Portant les diverses valeurs trouvées dans la formule donnée plus haut, on en retirera aisément la seule inconnue, c'est-à-dire la valeur du module de rigidité.

Il convient de faire remarquer qu'un arbre d'hélice ne travaille pas seulement à la torsion, mais encore à la compression, car il reçoit la poussée de l'hélice, qu'il transmet jusqu'au palier de butée ; cette compression a pour effet d'augmenter l'effort de torsion d'une valeur qui a été mesurée et trouvée égale à 3 0/0 pour les arbres creux et 1 0/0 pour les arbres pleins ; on en tiendra compte pour la détermination de la charge à appliquer durant l'expérience. Enfin, autre considération importante, en marche, les arbres d'hélice sont soumis à des vibrations qui possèdent une influence marquée sur l'élasticité, sans doute par suite d'un effet d'hystérésis mécanique ; il conviendra durant l'essai d'entretenir la masse de l'arbre en vibration moléculaire par l'application de coups de maillets.

Le module de rigidité vrai calculé, on établira le diagramme de puissance en se servant de la formule

$$P = \frac{\theta D^4 N}{CL},$$

où P est la puissance en chevaux ; θ, l'angle de torsion en degrés ; D, le diamètre ; N, le nombre de tours par minute ; C, une constante dépendant du module de rigidité ; et L, la longueur d'arbre en essai. On construit ainsi un diagramme de la forme ci-contre, où il suffit de mesurer l'angle de torsion avec un torsiomètre, et le nombre de tours avec un tachymètre, pour avoir immédiatement la puissance cherchée.

Dans beaucoup de cas on établit un seul diagramme pour tous les arbres d'un navire ; cependant l'expérience a démontré que la valeur du module de rigidité variait d'un arbre à l'autre, et il est plus rigoureux d'essayer en atelier chaque arbre et d'établir pour chacun un diagramme correspondant.

Nous nous étendrons sur la description et le mode d'emploi des dynamomètres de torsion ; la majeure partie de ce qui suit est empruntée aux descriptions qui ont paru dans le journal *Engineering* et dans *l'Électricien*.

* *

Depuis la grande extension prise par les turbines à vapeur, un grand nombre de dynamomètres de torsion ont vu le jour ;

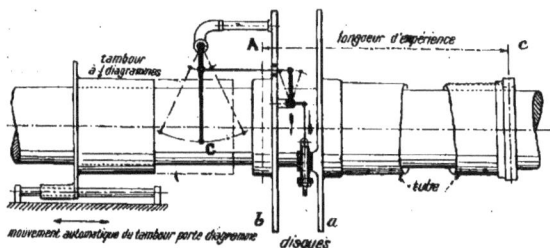

Torsiomètre Fottinger.

on peut les ranger en trois grandes catégories : les dynamomètres basés sur un principe de fonctionnement mécanique, les torsiomètres électriques et les torsiomètres optiques.

Nous les avons à peu près rangés par ordre de sensibilité, les plus exacts étant les torsiomètres optiques ; jusqu'ici ce sont les torsiomètres électriques qui sont les plus employés. L'Amirauté britannique, par exemple, fait exclusivement usage du dynamomètre de torsion électrique Denny et Johnson, que nous décrivons plus loin.

Torsiomètres mécaniques. — Les deux plus importants sont le torsiomètre de Fottinger et celui de Collie ; nous les décrivons sommairement. Le torsiomètre de Fottinger est d'origine allemande et a été employé avec succès sur les navires allemands. Il permet d'enregistrer avec une égale précision les diagrammes périodiques continus d'élasticité et peut donc servir à évaluer, d'après la torsion, la puissance des machines alternatives, aussi bien que celle des turbines; en outre, il est assez sensible pour permettre la mesure de la torsion sur une longueur relativement courte, telle que la distance entre deux accouplements, ce qui supprime les risques d'erreur apportés par la présence de ceux-ci.

Lorsque la puissance transmise est nulle, l'appareil trace une ligne qui sert de zéro; lorsque le couple de torsion s'exerce, le stylet trace une courbe qui représente, en fonction d'un tour, la variation du couple; cette courbe est donc une droite lorsque l'effort est constant, et une sinusoïde lorsqu'il s'agit de machines alternatives. La figure ci-contre montre des diagrammes obtenus pour différentes vi-

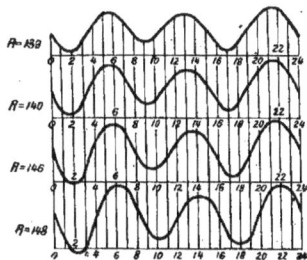

Diagrammes continus enregistrés avec le dynamomètre de Fottinger.

tesses de rotation, avec l'appareil de Fottinger, relevant la torsion d'un arbre de machine à piston. Dans les deux derniers diagrammes, on constate que l'angle ou torque mesuré est négatif pendant une certaine période; ceci résulte de ce que le récepteur : dynamo, hélice ou autre, accouplé sur l'arbre, fait volant dynamique et fournit à ce moment de la puissance à la machine, au lieu d'en recevoir.

L'appareil, comme on peut le voir, se compose d'un tube entourant l'arbre, fixé à celui-ci par l'une de ses extrémités, tandis que l'autre extrémité est libre. A cette extrémité libre, le tube porte un disque a placé en face d'un autre disque b, celui-ci directement fixé sur l'arbre. La rigidité du disque empêche toute torsion sur sa longueur. Du fait de la torsion de l'arbre, les disques se déplacent l'un par rapport à l'autre, et le moindre mouvement est amplifié par un système de leviers, qui donne à l'appareil une sensibilité particulière.

Un crayon est fixé au levier *c* qui trace tout déplacement

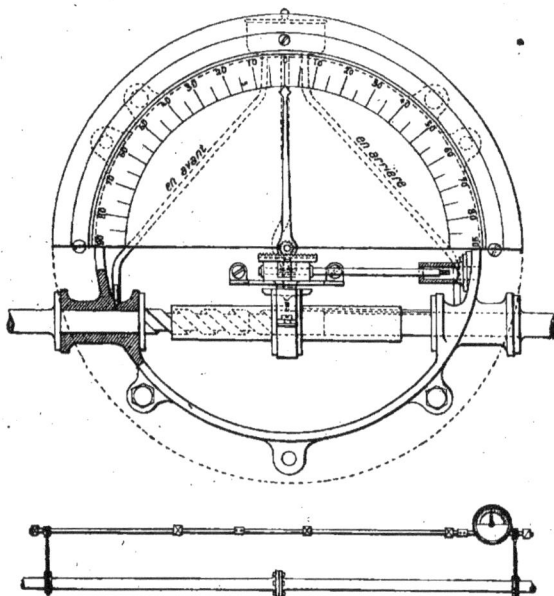

Torsiomètre mécanique de Collie et son mode de montage.

sur une feuille de papier enroulée sur un tambour lui-même animé d'un mouvement longitudinal.

L'appareil a été expérimenté à l'occasion des essais du vapeur à turbines *Kaiser*, et l'on put constater que la puissance ainsi obtenue ne différait que de 1/2 0/0 de celle donnée par un frein dynamométrique spécial.

Le torsiomètre mécanique de Collie est légèrement différent. Ici, au lieu d'un tube encerclant l'arbre, on fait usage d'arbres latéraux recevant respectivement le mouvement de l'arbre principal par chaînes ; les extrémités libres de ces deux arbres rentrent l'une dans l'autre, un côté faisant office d'écrou mobile par rapport à l'autre; qui constitue la vis. Comme une des extrémités de l'arbre principal est en avance sur l'autre par suite de la torsion, l'écrou se visse ou se dévisse suivant que cette avance ou le degré de torsion sont plus ou moins grands. Le mouvement longitudinal de l'écrou est amplifié et transmis à un cadran indicateur ou à un dispositif enregistreur.

Ce dispositif se prête à la mesure de la torsion sur une grande longueur d'arbre, car on peut, comme l'indique la figure, sauter par-dessus les accouplements; par contre, ceux-ci introduisent une erreur qu'il est préférable d'éviter en bornant la mesure à la distance entre deux accouplements.

Il existe encore bien d'autres formes de dynanomètres de torsion mécaniques, mais ils n'ont pas subi l'épreuve de la pratique, et nous les passerons sous silence.

Torsiomètres électriques. — Ici l'imagination des chercheurs a pu se donner libre cours, et l'on compte plusieurs appareils électriques ou électro-magnétiques véritablement ingénieux. Le plus usité d'entre eux est le dynamomètre de Denny et Johnson, que les schémas ci-contre montrent en détail et la photographie en application. Il se compose de deux roues A et B à faible inertie, calées à une certaine distance l'une de l'autre sur l'arbre; contre chacune des roues est placé un aimant permanent dont le pôle inférieur est taillé en V, de manière à émaner par la pointe un champ magnétique dense et défini.

Au-dessous de ces aimants sont deux inducteurs C et D, un sous chaque roue, formés d'une pièce creuse en fer doux, ayant la forme d'un segment et montés chacun sur un petit socle en bronze, au moyen de vis permettant un réglage vertical. Chacun de ces inducteurs contient un certain nombre de bobines, séparées, mais exactement semblables.

11

Un tableau indicateur, contenu dans une boîte, fait aussi partie de l'appareil auquel il est nécessairement relié par une série de canalisations électriques. Sur ce tableau sont deux

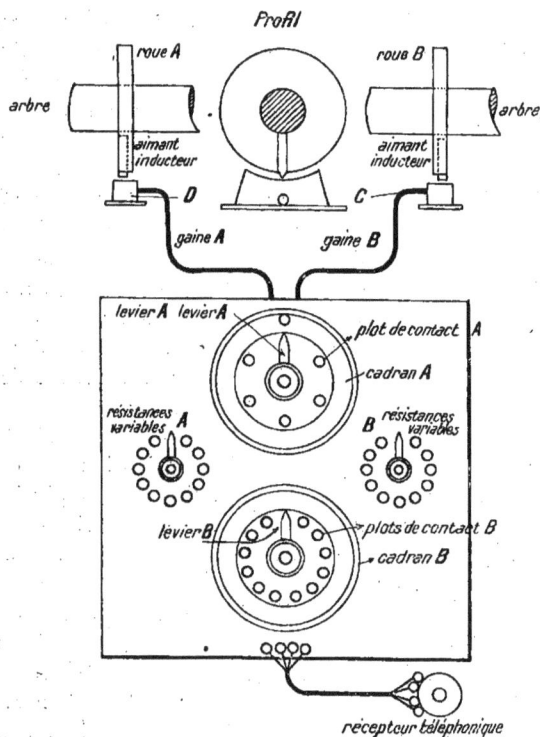

Principe de fonctionnement du torsiomètre électrique Denny et Johnson.

cadrans A et B, portant chacun une série de contacts, avec des graduations appropriées et un levier mobile, par lequel une communication électrique peut être établie entre l'un quelconque des contacts et la bobine correspondante de l'inducteur de même repère.

Le torsiomètre électrique de Denny et Johnson monté sur l'arbre, pour la mesure de la puissance.

(Page 162 *bis.*)

Il y a six contacts au cadran A et un même nombre de bobines à l'inducteur de la roue de même repère. Le cadran B porte 14 contacts; 14 bobines sont à l'inducteur correspondant C. Chaque contact, de l'un et l'autre cadran, est relié à sa bobine au moyen d'un fil séparé. Tous ces fils réunis sont contenus dans des gaines A et B.

L'autre extrémité, ou retour des fils de bobines, est reliée à deux fils communs, également contenus dans les gaines A et B et aboutissant chacun à l'un des deux leviers des cadrans.

Il y a aussi, intercalée dans chaque circuit, une résistance variable, au moyen de laquelle l'intensité du courant peut être réglée à volonté. Enfin un récepteur téléphonique sert de moyen de réglage.

L'une des roues est fixée sur l'arbre, dans une position telle que la pointe de son aimant soit exactement au-dessus de la dernière bobine de l'inducteur, à partir de laquelle l'aimant, quand l'arbre tourne, se porte de l'autre côté. C'est la position initiale, ou *de zéro*. L'autre roue est fixée, elle, de telle manière que son aimant soit au-dessus de l'inducteur, mais *du côté opposé*.

Dans ces conditions, quand l'arbre tourne sans transmettre de puissance, un courant est induit dans la bobine extrême ou de zéro de chaque inducteur. Les deux courants induits, d'intensité égale au récepteur téléphonique et en opposition, se neutralisent; on ne perçoit aucun son dans le récepteur.

Mais, quand l'arbre transmet une puissance quelconque, c'est-à-dire est soumis à un effort de torsion, il se produit ceci : la bobine zéro de l'un des inducteurs s'excite en avance sur l'autre, de toute la quantité représentée par la torsion de l'arbre. Les deux courants, dès lors, ne sont plus induits au même instant; ils cessent de se neutraliser, et l'on perçoit des vibrations très fortes au récepteur téléphonique.

Le levier B est alors déplacé sur son cadran, *de plot en plot*, jusqu'à ce que les vibrations aient cessé de se faire entendre ou, tout au moins, qu'elles aient été réduites à la plus faible intensité. Et, lorsque ce résultat aura été obtenu, la graduation du cadran donnera directement, par étalonnage empirique, la valeur de l'arc correspondant à l'angle de torsion.

Dans le cas où la torsion serait trop grande pour être enregistrée par le seul cadran B, on déplacerait alors le levier du

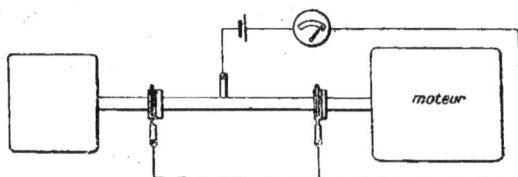

Montage du torsiomètre électrique Gardner.

cadran A, jusqu'à ce qu'une lecture puisse être obtenue au cadran B. La torsion produite serait alors égale à la somme des indications données par les deux cadrans. L'on s'aperçoit que le seul cadran B est insuffisant pour enregistrer la torsion de l'arbre, lorsque, ayant porté le levier à bloc, les vibrations du récepteur continuent avec la même intensité.

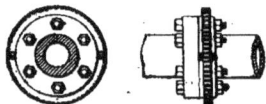

Détail des disques du torsiomètre Gardner.

Le torsiomètre électrique de Gardner procède d'un autre principe. Cet appareil est basé sur la variation de l'intensité d'un courant traversant un ampèremètre, et dont l'index indiquera directement, par cela même, la torsion à mesurer. Deux disques à encoches, dont les encoches sont remplies de matière isolante, sont disposés à une certaine distance sur l'arbre, comme l'indique le croquis de montage. La largeur des encoches est exactement égale à celle des parties métalliques et à celle des balais frottant sur les mêmes disques ; ceci admis, on règle au repos la position des balais sur les deux disques respectivement, de façon à ce que, sur l'un, le balai recouvre entièrement une encoche isolante, et, sur l'autre, une partie métallique. Dans cette situation, le circuit est interrompu, et l'aiguille de l'ampèremètre reste au zéro ; mais, dès que le couple de torsion se fait sentir, l'un des disques possède un déplacement angulaire en avance sur l'autre, les balais empiètent simultanément sur des parties conductrices, et le courant traverse l'ampèremètre en intensité d'autant plus grande que l'empiètement est plus considérable, le maximum étant atteint lorsque les deux balais empiètent chacun de moitié sur les parties conductrices. L'appareil est évidemment étalonné pour que la largeur des encoches et parties conductrices soit suffisante pour permettre l'enregistrement du torque maximum.

Cet ingénieux appareil, étant continu, se prête également bien à l'enregistrement de la puissance des machines alternatives.

Torsiomètres optiques. — Nous arrivons, enfin, aux appareils optiques. Ce sont des appareils de très haute précision, dont l'étude a été provoquée par la nécessité d'instruments de mesure permettant d'évaluer, avec une exactitude suffisante, les puissances relativement réduites.

Il en existe plusieurs types, notamment le torsiomètre d'Amsler, celui de Frahm et celui d'Hopkinson ; l'un des plus récents, spécialement destiné aux mesures pour turbines, est le torsiomètre de Bevis et Gibson.

On est parti de cette idée que les angles à mesurer sont si petits et le temps durant une révolution si minime que la moindre erreur provoquée par l'adjonction d'un organe intermédiaire mécanique d'amplification ou d'enregistrement porte sur des centaines de chevaux ; la vitesse de la lumière étant infiniment grande et parfaitement rectiligne dans un milieu homogène, il est bien évident que l'emploi d'un rayon lumi-

neux comme dispositif amplificateur présentera les conditions
d'exactitude maximum.

Le principe de l'appareil, dès lors, est le suivant : sur
l'arbre, à une distance convenable, sont montés deux disques,
tous deux perforés d'une fente de même dimension. Au
repos (position 1), un rayon lumineux peut aller de l'une à
l'autre des fentes à travers le faisceau lumineux, et, si l'on

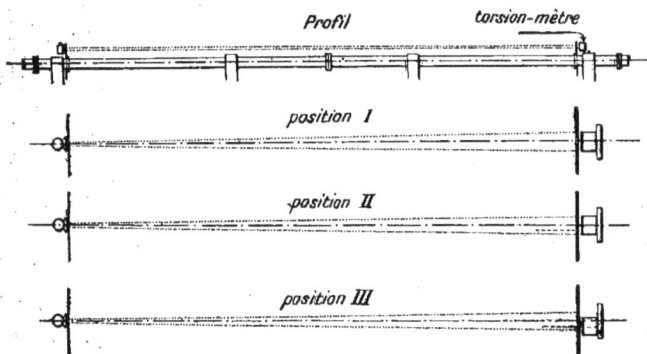

Application du torsiomètre optique de Bevis et Gibson.

regarde derrière la fente du disque avec un oculaire à pinnule,
on distinguera parfaitement la trace lumineuse envoyée par
la lampe; si maintenant un couple de torsion est appliqué à
l'arbre, le second disque se trouvant décalé par rapport au
premier, la fente du disque ne coïncidera plus avec la pinnule
de l'oculaire (position 2), et l'on ne verra plus rien dans
celui-ci; pour retrouver la trace lumineuse, il faudra faire
tourner l'oculaire d'un angle qui sera précisément égal à
l'angle dont aura tourné le disque sous l'influence de la
torsion (position 3).

On conçoit l'extrême simplicité de la mesure et en même
temps son exactitude rigoureuse; en montant l'oculaire sur un
vernier à déplacement micrométrique et effectuant les lectures
de ce dernier à l'aide d'un autre oculaire, on arrivera facilement à apprécier le 1/400 de degré, c'est-à-dire avec une pré-

cision qui ne peut être approchée par aucun autre type
d'instrument.

Pour montrer l'extrême sensibilité de cet appareil optique,
nous donnerons le tableau ci-dessous qui reproduit la série
des mesures de puissance effectuées sur un navire à turbines.

ARBRES	TORSION en degrés	TOURS par minute	PUISSANCE par arbre	PUISSANCE effective totale
Bâbord B.P......	1,43	482,9	2.775	
Centre H.P......	1,69	461,2	2.600	7.975
Tribord B.P.....	1,37	472,8	2.600	
Bâbord B.P......	1,32	461,2	2.410	
Centre H.P......	1,65	426,8	2.330	6.940
Tribord B.P.....	1,24	457,3	2.200	
Bâbord B.P......	1,05	418,4	1.765	
Centre H.P......	1,52	422,3	2.120	5.555
Tribord B.P.....	1,02	415,5	1.670	
Bâbord B.P......	0,22	146,7	88	
Centre H.P......	0,21	171,4	87	257
Tribord B.P.....	0,12	144,3	82	
Bâbord B.P......	0,07	46,3	13	
Centre H.P......	0,05	86,1	15	37,2
Tribord B.P.....	0,01	24,4	9,2	

Cet ingénieux instrument a été approprié à la mesure d'un
couple de torsion variable, c'est-à-dire au cas des machines
alternatives, en le munissant d'un enregistrement photogra-
phique continu dans le détail duquel nous ne voulons pas entrer; il a été reconnu et démontré que la puissance mesurée
ainsi à partir du couple de torsion été plus exacte que celle qui
était estimée d'après le diagramme d'indicateur.

Consommation de vapeur. — Le mémoire déjà cité de
M. Speakman fournit à ce sujet les indications suivantes:

La comparaison des navires à turbines avec les navires
à machines alternatives peut se faire aujourd'hui sur des bases
certaines, vu le grand nombre de documents dont on peut

disposer, tant sur les vapeurs du service de la Manche que sur les unités de la Marine de guerre anglaise. La comparaison de la consommation de vapeur du croiseur de 3° classe *Amethyst* avec des unités à piston de la même classe démontre que c'est seulement pour des vitesses très inférieures à la vitesse maximum que la consommation des turbines dépasse celle des machines alternatives ; depuis les premiers essais la tuyauterie de l'*Amethyst* a d'ailleurs été modifiée pour permettre d'envoyer aux turbines basse pression la vapeur d'échappement des machines auxiliaires, et la consommation est inférieure à celle des machines à piston jusqu'à la limite inférieure de vitesse de 10 nœuds.

Or, la plupart des manœuvres d'escadre et des déplacements à longue distance se font, ainsi que le démontrent les relevés de l'Amirauté, à une vitesse moyenne qui est toujours d'au moins 55 à 60 0/0 de la vitesse maximum ; dans de pareilles conditions les turbines sont plus avantageuses dès à présent.

Consommation de charbon. — Les armateurs et les Amirautés réclament, naturellement, à ce sujet, des chiffres et des comparaisons, et, lorsque ces chiffres ne se rapportent qu'à des résultats obtenus en essais, il n'y a pas lieu d'être surpris d'entendre dire ensuite que la turbine n'est pas toujours, sur tous les navires et à toutes les vitesses, plus économique que les machines alternatives, — celles-ci représentées par les meilleurs rapports de mer. L'on a pu constater, en effet, et l'on sait bien le peu de confiance qui doit être accordé à des comparaisons de cette nature, établies seulement sur des résultats obtenus en essais.

Le mémoire de MM. Parsons et Risdall, lu à Bordeaux, va nous fournir des indications plus récentes et plus précises encore que celles que nous venons de rapporter.

Bien des causes en service peuvent contribuer à élever ou réduire cette consommation. C'est ainsi, par exemple, que sur les courriers à grande vitesse, où les machines alternatives sont extrêmement bien tenues, l'on remédie à l'usure constante,

des parties en travail et à tout ce qui peut augmenter la consommation de vapeur, au moyen de soins d'entretien continus au service et de démontages soigneux entre chaque voyage.
C'est évidemment très méritoire, mais un semblable entretien
ne peut manquer d'être coûteux. Les navires ordinaires, par
contre, sont, eux, tenus en service jusqu'à ce que la consommation ait augmenté, ou que la vitesse soit tombée, au point

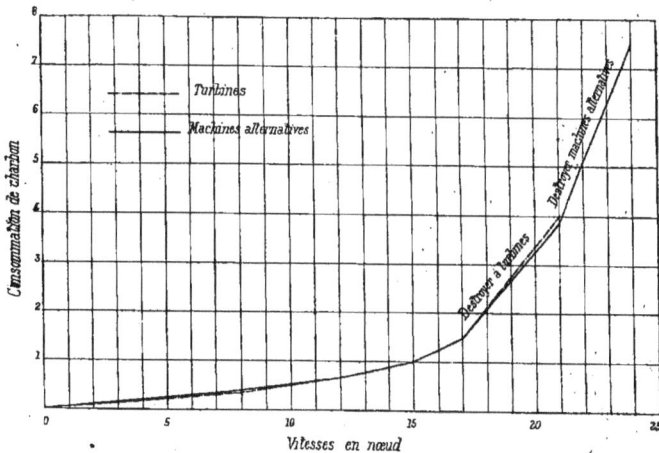

Comparaison de la consommation de Charbon des turbines
et machines alternatives.

de nécessiter un démontage complet. Oncom prendra que, dans
un cas comme dans l'autre, aucune économie initiale sur les
turbines ne puisse devoir être conservée dans les conditions
réelles du service.

Sur ce chapitre une objection a été mise en avant contre
l'emploi des turbines sur les navires de guerre : c'est que, au
moins dans quelques Marines, ces machines n'accomplissent
pas un service suffisant pour que l'usure puisse avoir une influence suffisante sur leur rendement.

L'on peut observer à ceci que les machines des navires de

guerre sont particulièrement légères pour la puissance qu'elles développent et d'autant plus exposées, par suite, à la fatigue et aux détériorations. Qu'aussi des nécessités d'entraînement, de plus en plus grandes, exigent plus souvent qu'autrefois ces navires à la mer et qu'ils ne reviennent pas au port avec la régularité des navires marchands.

Des chiffres officiellement vérifiés représentant les résultats obtenus en service ont été publiés dernièrement; nous les donnons ci-après. Ils permettent, au point de vue de la consommation, une comparaison sérieuse entre les turbines et les machines alternatives des navires identiques.

Il convient d'indiquer que le croiseur à turbines et celui à machines alternatives, figurant dans cette comparaison, ont été en service, le premier pendant deux ans, et le second pendant trente-trois mois. Les chiffres donnés pour les destroyers portent dans un cas sur un service de trente mois, et dans l'autre sur trois années de présence en mer.

Le graphique ci-dessus donne les résultats de la comparaison : on voit qu'elle est toute à l'avantage du croiseur à turbines ; d'ailleurs le tableau suivant donne le détail des essais qui ont fourni les chiffres portés au graphique.

DÉSIGNATION	1er ESSAI		2e ESSAI	
	Croiseur à turbines	Croiseur à machines alternatives	Croiseur à turbines	Croiseur à machines alternatives
Durée de l'essai en heures..	92	92	132	132
Distance parcourue en milles.	1.380	1.380	2.090	2.090
Charbon total consommé en tonnes.................	245	297	366	416
Vitesse moyenne approximative en nœuds...........	15	15	15,8	15,8
Excédent pour les machines alternatives.............	52 tonnes		50 tonnes	
Excédent pour 100.........	21 0/0		13,7 0/0	

Il convient d'ajouter que la plus grande partie de ces résultats a été obtenue pendant un service à puissance réduite, ce qui n'est pas une condition favorable pour les turbines. Une comparaison avec des résultats recueillis à grande vitesse serait évidemment bien plus significative.

On propose de temps en temps d'augmenter l'économie aussi bien des turbines que des machines alternatives au moyen de la surchauffe. Il ne faut pas oublier que les premiers emplois de surchauffeurs à bord des navires remontent à plus d'un demi-siècle, et, bien qu'ils aient été très largement employés à terre, on n'en trouve que très peu à bord des navires, à cause des difficultés de leur fonctionnement. La température, en effet, y passe parfois brusquement de 260° à 400°, et cette température exagérée se produit après une période dans laquelle elle s'était abaissée, et la quantité de vapeur était diminuée. Ce défaut, commun à tous les surchauffeurs employés jusqu'ici, vient de ce que la surface y est *constante*, tandis que la quantité de vapeur et la température des gaz sont *variables*, mais non dans un rapport fixe.

Une installation vient d'être faite pourtant sur un petit croiseur, et l'on en attend les résultats.

Voici, enfin, quelques chiffres de consommation qui ont été relevés par l'auteur, non pas en essai, *mais en service courant :*

1° Puissance indiquée en chevaux.......... 8.500
    Vitesse du navire.................... 22 nœuds
    Charbon consommé par heure.......... 6,1 tonnes

La consommation par cheval-heure indiqué ressort dans ces conditions à :

$$\frac{6,1 \times 1000}{8500} = 0^{kg},717.$$

2° Puissance mesurée sur l'arbre en chevaux
    effectifs............................ 6.500
    Vitesse du navire.................... 20,7 nœuds
    Charbon consommé par heure.......... 5,2 tonnes

Consommation de charbon par cheval-heure :

$$\frac{5,2 \times 1000}{6500} = 0^{kg},800.$$

3° Puissance indiquée en chevaux 9.000
Vitesse du navire .... 22,8 nœuds
Nombre de tours .... 520 par minute
Pression d'admission à la turbine H.P. $9^{kg},84$
Pression d'admission à la turbine B.P. $0^{kg},843$
Vide au condenseur .... 697 mm
Charbon consommé par heure .... 6,77 tonnes

Consommation de charbon par cheval-heure :

$$\frac{6,77 \times 1000}{9000} = 0^{kg},752.$$

Consommation en marche arrière. — Les turbines de marche arrière ne sont pas de rendement aussi élevé que celles de marche avant ; aussi constate-t-on toujours une consommation de vapeur plus élevée en marche arrière qu'en marche avant.

Marche à vitesse réduite avec turbines de croisière. — Pour les croisières à vitesse réduite, on a adopté, avons-nous dit, à bord des navires de guerre l'addition de deux petites turbines supplémentaires, dites de croisière, qui sont montées sur deux des arbres d'hélice. Ces turbines reçoivent directement de la vapeur vive qui traverse ensuite en série les autres turbines. Ce dispositif a pour but d'assurer l'économie de consommation pour les vitesses réduites, économie qui résulte de l'utilisation dans les turbines principales de vapeur, qui a déjà produit un effet utile dans les turbines de croisière. Toutefois, cette combinaison possède l'inconvénient de compliquer beaucoup la tuyauterie déjà complexe à bord des cuirassés qui sont le plus souvent équipés à quatre turbines.

TABLE DES MATIÈRES

I

PRINCIPE DES TURBINES

Généralités théoriques

II

DÉTAILS PRATIQUES DE CONSTRUCTION ET INSTALLATION DES TURBINES PARSONS

Organe de la turbine

III

APPLICATIONS, DONNÉES, RÉSULTATS

Historique de la turbine marine

IV

PLANCHES

PLANCHE I. — Mi-coupe d'un rotor complet avant ailetage et vue en plan d'une turbine, rotor en place.

PLANCHE II. — Tuyautage complet d'une installation de turbines à 3 arbres.

TOURS, IMPRIMERIE DESLIS FRÈRES.

www.ingramcontent.com/pod-product-compliance
Lightning Source LLC
Chambersburg PA
CBHW070533200326
41519CB00013B/3026